二 十 一 世 纪 前 沿 科 学 丛 书

未来的生态环境

WEILAI DE SHENGTAIHUANJING

王直华 **主编**
陈复 王玮 **编著**

广西科学技术出版社

图书在版编目（CIP）数据

未来的生态环境/王直华主编. —南宁：广西科学技术出版社，2012.8（2020.6重印）
（二十一世纪前沿科学丛书）
ISBN 978-7-80619-509-3

Ⅰ.①未… Ⅱ.①王… Ⅲ.①全球环境—少年读物②生态环境—少年读物 Ⅳ.①X2-49

中国版本图书馆CIP数据核字（2012）第195335号

二十一世纪前沿科学丛书
未来的生态环境
王直华　主编

责任编辑　何　芯　　**封面设计**　叁壹明道
责任校对　王　丹　　**责任印制**　韦文印

出 版 人　卢培钊
出版发行　广西科学技术出版社
（南宁市东葛路66号　邮政编码530023）
印　　刷　永清县晔盛亚胶印有限公司
（永清县工业区大良村西部　邮政编码065600）
开　　本　700mm×950mm　1/16
印　　张　8.5
字　　数　109千字
版　　次　2012年8月第1版
印　　次　2020年6月第5次印刷
书　　号　ISBN 978-7-80619-509-3
定　　价　18.00元

水使地球绚丽多姿

保护生物是全人类的共同责任

地球多像她，一个有机的生命体

绿色，人类的朋友

森林饱受大气污染之厄

落后的生产方式注定要破坏环境

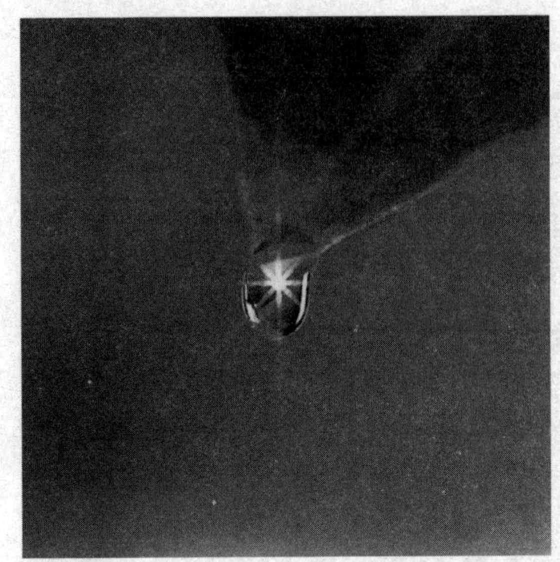

绿色之叶，人类的朋友

现代生活离不开环境保护

致21世纪的主人

时代的航船已进入21世纪，在这时期，对我们中华民族的前途命运来说是个关键的历史时期。现在10岁左右的少年儿童，到那时就是驾驭航船的主人，他们肩负着特殊的历史使命。为此，我们现在的成年人都应多为他们着想，为把他们造就成21世纪的优秀人才多尽一份心，多出一份力。人才成长，除了主观因素外，在客观上也需要各种物质的和精神的条件，其中，能否源源不断地为他们提供优质图书，对于少年儿童，在某种意义上说，是一个关键性条件。经验告诉人们，往往一本好书可以造就一个人，而一本坏书则可以毁掉一个人。我几乎天天盼着出版界利用社会主义的出版阵地，为我们21世纪的主人多出好书。广西科学技术出版社在这方面作出了令人欣喜的贡献。他们特邀我国科普创作界的一批著名科普作家，编辑出版了大型系列化自然科学普及读物——《少年科学文库》（以下简称《文库》）。《文库》分“科学知识”“科技发展史”和“科学文艺”三大类，约计100种。现在科普读物已有不少，而《文库》这批读物特具魅力，主要表现在观点新、题材新、角度新和手法新，内容丰富，覆盖面广，插图精美，形式活泼，语言流畅，通俗易懂，富于科学性、可读性、趣味性。因此，说《文库》是开启科技知识宝库的钥匙，缔造21世纪人才的摇篮，并不夸张。《文库》将成为中国少年朋友增长知识、发展智慧、促进成才的亲密朋友。

亲爱的少年朋友们，当你们走上工作岗位的时候，呈现在你们面前的将是一个繁花似锦的、具有高度文明的时代，也是科学技术高度发达的崭新时代。现代科学技术发展速度之快、规模之大，对人类社会的生产和生活产生影响之深，都是过去无法比拟的。我们的少年朋友，要想驾驭时代航船，就必须从现在起努力学习科学，增长知识，扩大眼界，认识社会和自然发展的客观规律，为建设有中国特色的社会主义而艰苦奋斗。

我真诚地相信，在这方面，《文库》将会对你们提供十分有益的帮助，同时我衷心地希望，你们一定为当好21世纪的主人，知难而进，锲而不舍，从书本、从实践汲取现代科学知识的营养，使自己的视野更开阔，思想更活跃，思路更敏捷，更加聪明能干，将来成长为杰出的人才和科学的巨匠。为中华民族的科学技术实现划时代的崛起，为中国迈入世界科技先进强国之林而奋斗。

亲爱的少年朋友，祝愿你们在21世纪的航程充满闪光的成功之标。

钱三强

主编的话

你们是新世纪的少年，是新世纪科学技术的主人。人们羡慕你们，人们祝愿你们，人们寄希望于你们，时代催促你们，祖国期待你们，你们要加快速度成长，你们要加快速度汲取最新的科技知识。

为什么要加快速度？这是因为。你们生活在一个快速发展的时代。回顾历史，你们就会感觉到，科学技术在加快速度向前发展。

车轮，在今天的小朋友看来，是太简单、太普通的东西了。然而你可曾想过，从地球上出现早期人类到发明最原始的车轮，其间经历了约三百万年的漫长岁月。

最早出现的能驱动车轮前进的机器，是蒸汽机。从使用有轮的车到造出蒸汽机车，大约用了5000年。

内燃机是在蒸汽机之后100年出现的，今日的赛车，从启动到加速到时速近300千米，只消10秒钟。

再说计算机。世界上第一台电子计算机是1946年投入运行的，它是个占地111平方米的庞然大物。从那时起到出现台式计算机，用了35年光景；而从台式机到小巧的笔记本计算机仅用了10年时间。

我们看到，科学技术的发展越来越快，它催促我们要赶上时代的步伐。人们很难完全准确地预料未来10年、20年的科学技术。也许，未来10年、20年将要出现的重要技术，今天只是专家心中的草图，或是学者头脑中的朦胧概念。

然而，你们作为新世纪的一代，必须了解21世纪科学技术的发展趋势，从中学到知识、受到鼓舞，下定决心做好准备，为21世纪祖国和人类的科技发展贡献才智。

为了帮助少年朋友展望令人激动的新世纪，我们组织编写了这套丛书。这套丛书的作者，都是各个科学技术领域有名的科学家和技术专家，他们在百忙之中抽出宝贵时间，为少年儿童写书，你们应该感谢他们的一片深情。

科学家们说，现代科学技术的发展日新月异，每天都会出现许多新的东西。他们愿在今后继续为少年朋友提供新的知识，报告未来将出现的重大新进展。因此，这套丛书将会不断地补充、扩大，成为带领我们奔向未来的科学快车。

少年朋友们，你们看了这套丛书之后，有什么感想，有什么要求，有什么意见，可以及时告诉我们。科学家们非常希望听到你们的想法。

祝你们成为21世纪的科学家、工程师，成为祖国的有用人才。

王直华

序　言

环境问题是当今国际社会关注的热点。人类只有一个地球，保护环境是每一个公民应尽的义务。工业革命以来出现的各种环境问题，正在不断冲击着由人类主宰的“文明”。这就使人们不得不认真思考人类应选择怎样的生产方式和生活方式，才能保证拥有5000年人类文明史的地球家园不会毁于一旦。因此，环境意识的有无，不但体现了人们基本素质的高低，而且对于建设人类新文明具有非常重要的意义。

随着人口数量的不断增加和人类文明的不断进化，人类向自然索取的资源已超过自然界所能供给的能力，这造成了生态环境的恶化。同时，工业的发展又产生了大量污染物，它们被肆意排放到大气、水体和土壤中。造成了严重的环境污染。可以这样说，资源和环境问题是悬在人类头顶上的两把利剑，如果不处理好这两个问题，人类无疑将走向衰亡和毁灭。

目前，全世界每年有毒化学品的产量约400万吨，排出二氧化硫和烟尘等大气污染物数亿吨，每年从城市排出的废水总量达几千亿立方米，固体废弃物约100亿吨，各类环境灾难层出不穷。

在我国，严重的环境污染和生态破坏已给人民健康带来危害，并在一定程度上制约着经济发展。这一损失令人痛心疾首。为此，我国把环境保护列为基本国策，力求从根本上控制环境污染。

为了深入开展环境宣传教育活动，提高广大青少年的环境意识，我们编写了本书。书中通过对一系列环境与资源问题的讨论和剖析，较全面地介绍了当今人类所面临的主要环境问题，将知识性与趣味性相结合，在形式上生动活泼，具有较强的可读性。

我们期待着有更多的青少年朋友能树立起正确的环境意识，并投身到21世纪的环境保护事业中去，为创建人类新文明贡献力量。

编　者

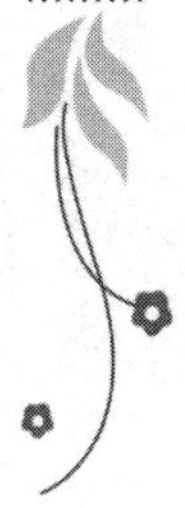

目 录

环境意识纵横谈

沧海、桑田、高山、大河，春天百花盛开，夏天万物生长，秋天色彩斑斓，冬天飞雪盈天，她美丽、富饶、神奇，孕育了人类，谱写了人类5000年的文明史，她就是人类的“诺亚方舟”——地球。

但是，随着人类的发展，人类对环境的影响越来越大，地球已变得满目疮痍，“千重青山千重染，万里碧水万里污”，严重地影响了人类的生存和发展。为此，作为地球的主人，必须要认识到“只有一个地球”的含义，建立起正确的环境意识，要珍惜自己脚下的每一寸土地，每一片水体，每一立方米大气，保护人类生存的唯一环境——地球之舟。

我们目前讲的环境问题不是自古就有的，它是人类发展到一定阶段的产物，是社会发展的产物。19世纪工业革命以来，环境污染出现了，曾几何时，天蓝水碧、鸟语花香的世界变得烟尘满天、水浊鱼亡，蓝天消失了，碧水不再清澄，鸟儿飞走了，花香则代之以异味、恶臭。自那时起，环境问题就一直困扰着人类。

随着工业革命的进行，蒸汽机和电的发明，揭开了人类近代新文明的序幕。那时，人们为烟囱林立欢呼，为马达轰鸣歌唱，为现代交通工具的发明而欣喜，为煤炭和石油的利用而自豪。那时的人们很难想得到他们已经打开了潘多拉的灾难之盒，环境污染就如一个恶魔，正瞪大巨眼，准备吞噬人类。

18 世纪 60 年代英国工业革命以来直到 20 世纪上半叶，人类经历了极为重要的发展阶段，全球经济飞速发展，人类逐渐进入了现代文明。但是请注意：这是以牺牲环境为代价而换取的。

那时的资本家为获取高额利润，强迫工人们在恶劣的工作环境下工作，致使许多工人患上形形色色的公害病，例如尘肺（长期吸入有害粉尘，致使肺部机能受损，形成极难治愈的肺部病变）等职业病。同时，他们还肆无忌惮地将大量工业污染物排放到大气、水体和土壤中，使无数的人们饱受环境污染之厄。但那时的人们，并没有充分意识到环境污染的危害性，加之片面追求经济高速发展和生活的改善，也没有有效地运用污染治理措施。这一切都是环境意识不足的反映。

20 世纪 50 年代后，世界进入了一个全新的发展阶段，工业发展日新月异，生活条件不断改善。但伴随着这一切，环境污染问题也显得越来越突出。特别是 50 年代到 70 年代，出现了许多起触目惊心的重大环境污染事件，其中包括伦敦烟雾事件、日本四日市哮喘事件、日本水俣病事件等，给人民健康带来了极大危害并造成死亡现象。50 年代到 60 年代的伦敦等大型工业城市，很难看到蓝天，莱茵河等河流也变成了臭河、死河。以上述现象为契机，人类迎来了第一次世界环境问题的高潮。

面对环境污染造成的一系列灾难，人们开始觉醒，人类再也不

幽雅的环境多美好

能无视自己的生存危机了。如果不采取断然的措施，那么无需战争和原子弹，人类就会自我毁灭。因此，人们逐渐认识到环境污染的危害性和环境保护的重要性，并开始强化环境保护意识。人们开始认真调查环境污染对人类健康和生态环境的影响，并对各类污染物采取治理和控制措施。从20世纪70年代至今，各国政府投入了大量的人力和物力，致力于治理污染和保护环境，使得大部分环境污染得到了有效的控制。特别是发达国家，在雄厚的财力支持下，环境污染得到了治理，环境质量明显改善，蓝天重现，碧水再来。公众的环境保护意识得到了强化，人们已经开始自觉地保护环境。同时，通过法律手段来限制企业的环境污染，得到了较满意的结果。

但是，进入20世纪80年代，人们逐渐发现一些环境污染已由局部性扩展为区域性和全球性，虽然一些局部地区环境质量明显提

高，但全球的环境则在继续恶化，这引发了世界第二次环境问题高潮。这使人们认识到环境无国界，环境问题的根本解决需要全世界的共同努力才能实现。那种“各人自扫门前雪，莫管他人瓦上霜”的做法是环境意识十分浅薄的反映。

因此，自1972年“人类环境宣言”发表以来，签署了大量的国际性环境保护条约，以图通过全世界的共同努力控制全球性环境污染。

随着我国改革开放的深化，经济飞速发展。各种环境问题也开始出现。我国政府十分重视环境保护事业，将环境保护列为我国的基本国策，其目的是在经济发展的同时保护环境，避免走发达国家“先污染、后治理”的老路。这是非常正确和十分必要的。

随着人类文明的发展和科学技术的进步，环境概念也在深化，人们对环境的认识也越来越深刻。防患于未然，预测和遏制可能出现的环境问题，而不是坐待环境污染已经出现后再去解决，是人类环境意识提高的标志。20世纪80年代末，人们提出了“可持续发展原则”，即是合理地利用资源协调发展并保护环境，以使环境与经济和社会统一起来。这表明人类已经从历史的教训中吸取了经验，并正在努力使环境污染减少到最低程度。

目前的环境质量远未达到理想的目标，许多新的环境问题正在出现，酸雨、气候变化、臭氧空洞、海洋污染、生态环境恶化等全球环境问题还在困扰着人类，如何妥善处理这些问题，是当今人类所应考虑的事情。

21世纪的人们应具有何种环境意识，这是至关重要的。“可持续发展原则”虽然为人们指出了一条光明大道，但是如何去实现，还需要人们做大量的工作。我们编写此书的目的，主要是能使青少年朋友——未来世纪的栋梁具有一个正确的环境意识。书中的一些内容虽然主要描述了本世纪的主要环境污染问题，但其中的许多问题无疑也是21世纪人们所必须面临的。因此，回顾环境污染的历史，并对一些污染的发展做出预测，将有助于人们理解环境问题的重要性并强化环境意识。

未来，人类将变得更加文明和理智，能自觉地保护他们赖以生存的这片土地。愿21世纪的人们，不再会遇到水俣病事件、博帕尔事件、切尔诺贝利核泄漏事件的袭扰。

人类的生存环境必将变得更加美好。

保护环境是全人类共同的事业！

环境是人类的共同财富

人和环境是密不可分的，人类赖以生存和生活的客观物质条件是环境，脱离了环境这一客体，人类将成为无源之水、无本之木，根本无法生存，更谈不上发展。一方水土养一方人，这是人类生存的基本原则。

人和环境是互相作用、互相依存的，其关系如下图所示。

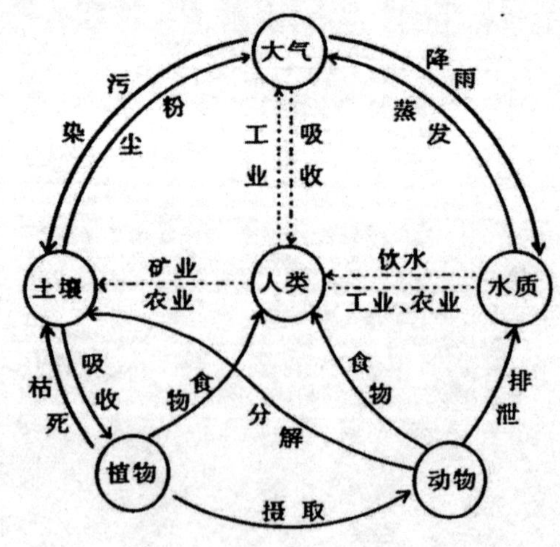

人类和环境的关系示意图

人是生态环境系统中最为重要的因素，人类以科学技术改造自然并推动社会进步，但同时也带来了环境污染。人类一开始总是沾沾自喜地沉醉于所谓对环境的征服和对自然的改变中，而不去认真考虑其后果。正当人们对工业发展感到欢欣鼓舞的同时，环境污染仿佛在一夜之间突然发展起来，犹如洪水猛兽冲向了毫无准备的人类。特别是有些人无视人类的生存原则，为追求局部利益和个人利益，极大地损害了人类共有的环境。

联合国环境与发展委员会指出目前全世界面临着16个重大环境问题，这就是人口激增、水土流失、土壤退化、土地沙化、森林锐减、能耗日增、滥用化学品、大气污染、水污染、海洋污染、物种灭绝、臭氧层破坏、温室效应加剧、军费开支庞大、工业事故频繁、自然灾害剧增。这些问题相互影响、相互渗透，其影响遍及全球。可以说哪里有人烟。哪里就有污染，人们已经难于寻找到一片净土，陶渊明所说的“世外桃源”，更难再寻。这一切对人类的现代文明，莫不是一个巨大讽刺。

人类活动造成的环境污染和生态破坏有两大特点，即危害的广泛性和影响的长期性。前者就如同一个人在房间里吸烟使在场所有不吸烟的人被动受害，后者则可将影响延伸到子孙后代。环境无国界，污染物可以通过各种方式流通到世界的各个角落。20世纪80年代出现的全球环境问题使人们认识到环境是全人类的共同财富，任何人都不能为了自身的利益而破坏环境并损害他人的利益。酸雨、温室效应、臭氧空洞、海洋污染、核放射污染，彻底粉碎了人们思想中认为一个国家或几个国家就能自主地保护其环境和人民生活的看法。

为此，在1972年，100多个国家的代表云集瑞典首都斯德哥尔

摩，召开人类环境会议。人们开始认真地讨论人类生存环境的问题并做出明智的抉择。会议发表了“人类环境宣言”，这是人类对环境问题开始觉醒的重要标志，仅仅从宣言的标题就可明确地看出人们已经认识到环境是属于全人类的。从此，“地球只有一个”，“保护这个美丽的行星”，成为现代人类的口号和共识。

在严峻的环境污染问题前，人们不甘屈服，奋起保卫自己的生存乐园。人们针对各种不同的环境污染制定了一系列的国际公约，力图通过世界各国的共同努力控制全球性环境污染。特别是20年后的1992年6月，全世界100多个国家的首脑在巴西里约热内卢举行20世纪最高级的环境与发展大会。人们围绕着普遍关心的环境问题，认真讨论、努力协调，以期在人类生存与衰亡的问题上做出理智的

地球只有一个

选择。在广泛的宣传和教育之下，环境问题已经变得家喻户晓，相信我们每一个人都从不同角度了解到了有关酸雨、气候变暖、农药污染、野生动物减少等情况。这一切都归功于环境问题的宣传和环境意识的强化。

世界上一些发达的资本主义国家，经历了20世纪50年代~60年代环境公害的困扰，自70年代开始，经过20多年的努力，其环境状况有了极大的改观，爱护环境已成为人们的一种习惯，并且形成了以“环境道德”为核心的新文化观念。但是，我们也应当注意到，目前全球各类污染物中的很大部分都是发达国家排放的。因而发达国家有义务在污染治理方面做出更多的贡献。

人类生存依赖环境，所以必须明智地对环境加以管理和保护，国家的繁荣和个人的幸福都有赖于环境的质量。尤其是下一个世纪，许多当代人所造成的环境问题将更加突出地显现出来。鉴于人类活动降低了全球环境质量，我们未来的健康和幸福无疑将依赖于我们能否有成功地管理世界的能力。

地球之舟超载了

比炸弹爆炸更可怕的爆炸是人口爆炸。

大约300万年前，地球上出现了人类。人类在很长的历史时期与恶劣的自然环境斗争，人口的增长速度一直很慢，平均每1000年增长2%。公元初，地球上大约只有2.5亿人口。随着人类改造自然和适应自然能力的加强，1800年世界人口达到10亿，经过100年又增加10亿，而第三个10亿只经过30年（1930～1960年），第四个10亿只用了18年，第五个10亿只用了12年时间。这就是说，本世纪以来人类的数量以爆炸性的方式增长。1987年7月17日，全世界度过了一个不平凡的日子，在那一天，地球上的人口总数达到了50亿。不知是哪一位婴儿幸运地成为了地球上第50亿位公民，但人类的前途乐观吗？回答是否定的。

让我们做一个简单的数字游戏。目前世界人口的年平均增长率约为18‰，那么平均每秒就有3个婴儿呱呱落地，每分钟则净增180人，每小时净增10 800人，每天净增25.92万人，每月净增775万人，每年净增9 300万人。照此发展按保守的统计预测，估计2055

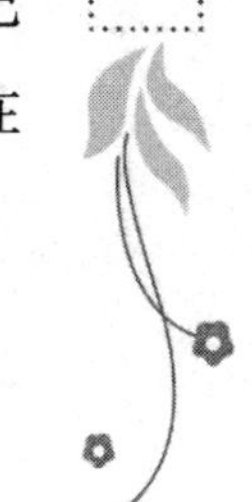

年前后，全球人口将达160亿。也许这些数字是枯燥的，但这决不是单纯地罗列数字和危言耸听，而是在探讨当今人类所必须面对的现实问题。青少年朋友们，请你们用心记住这些数字，因为今后这些数字将时时地困扰21世纪的人类。毫不夸张地说，要使下个世纪中叶全球160亿人口的生活水准不低于今天人类的水平，就必须在今后60年内再多营造出两个像今天这样规模的地球来。

人口增长对自然资源和环境的压力

地球的资源是有限的，人口增长无疑将增大对资源的压力。过去一直被人们认为是取之不尽、用之不竭的水、森林、耕地和能源等自然资源，由于人口的不断增加，被人们以超过自然再生能力的速度竭力使用着，今后人们所面临的一个重大问题就是资源短缺。

增长的人口和减少的土地

根据联合国粮农组织1984年统计，全世界土地总面积为130.81亿公顷，其中耕地面积仅占11.25%，而且目前全世界大约每年将丧失耕地500万~700万公顷。这种情况远远不能满足人口飞速增长的需要。预计到21世纪30年代，为解决近百亿人口的吃饭问题，全世界还应增加4.5亿公顷的耕地，这显然是极难做到的。

能源枯竭了怎么办?

随着人口压力的增加，世界能源问题越来越突出。按目前的生

产和消费水平，石油大约可以使用到21世纪50年代，天然气可维持几十年，煤炭则可持续150年左右。因此，面对人口增长对能源越来越大的需求，如果不尽快地开发新能源，那么到下个世纪中叶，化学燃料将趋于枯竭，人类将面临真正的能源危机。

脆弱的水资源

水是人类和地球上一切生物得以生存的物质基础。目前人类已利用的淡水资源，其储量约占全球淡水总储量的0.3%，只占全球总储水量的十万分之一。人口增长无疑将增加耗水量，目前全世界60%的地区已面临供水不足的问题，今后人口的增加将加剧这一现象。同时，由于环境的污染，许多淡水资源正在受到破坏。据统计，全球有18亿人正在饮用污染水，平均每天有25 000人死于以水为媒介的疾病。全世界有65.4%的人口饮用水不合标准，有2亿人饮用细菌超标的水，有1.6亿人饮用耗氧量超标的水，0.77亿人饮用高氟水。如果今后由于人口增加造成环境污染加重，那么上述数字还将成倍增加。

其他资源也在剧减

在历史上，世界陆地曾经有2/3为郁郁葱葱的森林，但随着人口的增长和经济的发展，森林面积在急剧减少。据估计，地球上森林的面积共有76亿公顷，到1862年减少为55亿公顷。进入20世纪70年代，已减少到26亿公顷，森林覆盖率仅为31%。例如，植物王国巴西的森林覆盖率已从400年前的80%减少到目前的40%并在继续减少。

草原也成为人们开垦的对象，特别是温带草原，几乎都已被开垦。森林和草原被过度开垦带来了土地沙漠化等问题，世界目前每年由于沙漠化而失去600万公顷土地，世界沙漠化面积几乎占据世界陆地的1/3，预计到20世纪末还将扩大20%。

各种矿产资源也被人们过度开发着。预计陆地上的铁矿和锰矿等仅能再继续开采几十年，许多稀有矿藏也已被开采殆尽。

人口增加了，环境压力倍增

人口增长必然导致对自然资源的无节制开发，同时，人类为了生存必须生产大量的工业产品，这也必然会产生大量的污染物，对环境造成污染。这些污染物的排放量势必随着人口的增加而增加。鉴于目前全球环境污染状况，任何新增的污染物都将造成环境灾难，因此，人们为控制污染物的排放将投入更大的精力，这在一定程度上将阻碍经济的发展。

地球容纳人口的能力

地球这个生态圈究竟能容纳多少人，才能保持人类的“诺亚方舟”不致遭受灭顶之灾，是人们普遍关心的问题。一切生物赖以生存的能量来自太阳，而地球接受太阳光的面积是有限的。据估计全球植物的年净生产能力为$100 \times 10^{11} \sim 300 \times 10^{11}$千克，其中只有1%的植物能被人食用，因此，照此估算地球陆地只能养活80亿～100

地球之舟超载了

亿人，不能容纳无限多的人口。地球上的生物每年大约生产1 540亿吨有机碳，其中1 350亿吨来自海洋，然而人类目前每年从海洋中获取的各种水产不超过 1 亿吨。鉴于此，如果有效地利用海洋资源，地球所能承受的人口数量将成倍增加。因此，可以说 21 世纪人类将进入海洋世纪，那时的人们也必须“下海”，这是解决人口不断增长的唯一途径。

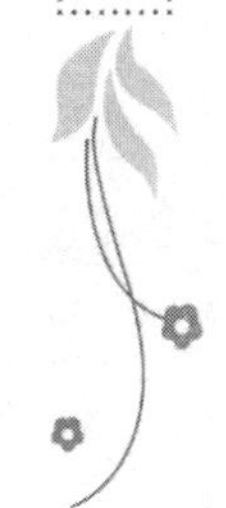

人类之家怎么啦

地球是一切生命的摇篮。在广阔无垠的宇宙中，人们迄今为止还没有发现其他星球上有生命存在。我们的地球，具备有生命所必需的阳光、空气和水等物质，地球上的生物为地球增添了绚丽的光彩。

但是，随着人类活动的增加，出现了许多环境问题。这些问题与自然灾害一道。构成了如下所概示的环境问题。

物种锐减、温室效应、垃圾如山、臭氧空洞、水荒、沙化……种种问题接踵而至，地球从未像今天这样喜怒无常。人类再也不能把这颗小行星作为无穷无尽的舞台，去上演一幕幕悲剧。

地球上的环境问题

- 环境问题
  - 原生环境问题：地震、海啸、火山活动、崩塌、滑坡、泥石流、洪涝、干旱、台风、虫灾等。
  - 次生环境问题
    - 城市化、工业化对环境的污染
      - 污染：大气、水体、土壤、生物、放射等。
      - 干扰：噪声、振动、热、电磁辐射干扰等。
    - 不合理开发利用自然资源，生态环境破坏：森林破坏、草原退化、水热平衡失调、沙漠化、盐渍化、潜育化、水土流失、物种灭绝、自然景观破坏等。

1962年，美国女生物学家雷切尔·卡尔逊的著作《寂静的春天》引起了巨大的轰动。它首次揭露了农药对环境和生态的严重破坏，从而使卡尔逊夫人成为现代环境保护的先驱。自诩为最高智慧生物的人类是怎么了？他们为什么把自己的生存之家弄得千疮百孔？人究竟是聪明，还是愚蠢？人类难道不知道在自己的头顶上高悬着一把达摩克利斯之剑吗？请看看吧——

19世纪初，北美大陆的旅鸽曾达50亿只，但到1914年，只剩下最后一只。当这最后一只旅鸽在美国辛辛那提动物园痛苦地弥留之际，寂无游伴，形单影只。

中国的东北虎和华南虎在20世纪初尚存数万头，但到80年代，野生的老虎已不足百头。

位于几内亚湾的科特迪瓦，原名象牙海洋，国如其名，曾是一个盛产大象的国度。然而，从1950年到现在的短短40年间，大象竟从10万头锐减到1 500头。

中国山东省的水泊梁山，在唐宋时期，曾有八百里水泊之美誉。但如今水去泊空。即使水浒人物复生，也只能“空使英雄泪沾衫”。

曾经孕育了西方文明的雅典，1988年夏，烟雾和热浪夺去了800人的生命。热浪也在侵袭着华夏大地的人们。

在墨西哥城，由于大气污染，市中心不得不设立街头氧气室供路人使用。

二次大战以来，世界10%以上的耕地经历了不同程度的退化，退化总面积相当于印度和中国国土面积的总和。比土地退化更为可怕的沙漠化也在迅速地发展。

南极上空大气中的臭氧已减少近半。臭氧空洞已大如美国国土，深度相当于珠穆朗玛峰之高。

人类之家怎么啦?

由于南极臭氧急剧减少，深受其害的澳大利亚一下子成为世界上皮肤癌人数最多的国家，这个只有1 700多万人口的国家每年有14万人患皮肤癌。

垃圾在地球上已经"无孔不入"，许多城市已经被垃圾所包围，就连珠穆朗玛峰和南极都在劫难逃。

每分钟就有10公顷土地变沙漠，每小时就有2个物种灭绝，每天排放1 500万吨二氧化碳，每天产生27万吨垃圾……

生存，还是死亡？这是一个古老的问题，但地球却期待人类给她一个崭新的回答。

人类正站在十字路口：一条是继续掠夺自然，破坏环境，最后走向自我毁灭；另一条路是放弃掠夺，保护环境，顺应自然规律，这是人类想要生存下去的唯一希望。

我们相信人类能理智地谋求光明的未来，地球环境终将会得到根本改善。

在《我们是地球的儿女》这首歌中这样写道：

天上的星星有千万颗，
人类的家园只有一个；
茫茫宇宙浩瀚无限。
我们生存的天地并不辽阔。
记住地球母亲的嘱托，
人人都要珍惜自己的山河；
我们都是地球的儿女，
唱给母亲一首钟爱之歌。
……

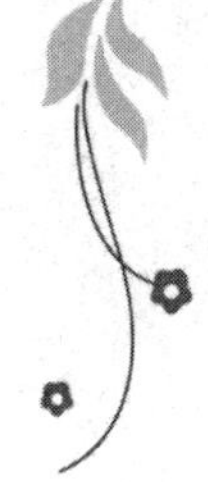

地球母亲哺育了人类，
人类要用自己的劳动和智慧，
来医治母亲累累的伤痕，
使母亲永远葆青春。
未来属于保护环境的人们！

触目惊心的重大污染事件

20 世纪 30 年代以来，作为环境污染日趋恶化的重要标志，出现了多起耸人听闻的重大污染事件，它们震撼了世界，迫使人们不得不认真地考虑环境问题，促进了人类的觉醒。青少年朋友们，你想知道这些重大污染事件吗？让我们给你们说几个，请你们记住它们，并讲给 21 世纪的人们吧。

马斯河谷烟雾事件

在比利时有一条长 24 千米、两侧山高 90 米的马斯河谷。1930 年 12 月初的几天里。由于山谷中重型工厂排出大量的二氧化硫、粉尘等大气污染物并在谷内积聚，又恰遇大雾与逆温天气，形成烟雾，致使数千人发病，咳嗽、呼吸困难、流泪、恶心、胸闷窒息，一周内死亡 60 多人。

洛杉矶光化学烟雾事件

1943 年发生在美国格杉矶市。数量众多的汽车排放出大量的碳氢化合物、氮氧化物、一氧化碳。由于该地逆温频繁、阳光强烈，汽车废气在光照下生成臭氧、过氧乙酰硝酸酯（PAN）等强氧化剂，并形成浅蓝色的死雾——光化学烟雾。从 6 月到 8 月，洛杉矶常笼罩在烟雾之中。这些光化学烟雾使人眼睛发红、喉部疼痛，有人还出现头痛、昏死现象。离市区 100 千米外的高山森林也大片枯死，郊外水果减产达一半。40 年代后烟雾事件仍频频发生，例如 1955 年，有 400 多名 65 岁以上的老人因忍受不了光雾的折磨而死亡。

多诺拉烟雾事件

1948 年 10 月底发生在美国宾夕法尼亚州多诺拉镇。该镇处于河谷中，由于持续有雾、逆温，矿物冶炼中产生的二氧化硫、烟尘等大气污染物在近地层积累，引起呼吸道疾病。4 天内全镇人口 43%（5 911 人）患病，死亡 17 人。

伦敦烟雾事件

1952 年 12 月 5 ~8 日发生在英国首都伦敦市。当时英国全境浓雾弥漫，逆温层在地面以上 40 ~ 150 米的低空，伦敦市内燃煤产生的烟雾高度积聚。烟尘浓度每立方米达 4. 46 毫克，催化剂将二氧化硫氧化为硫酸雾。4 天中死亡人数较常年多 4 000 人，肺炎、肺癌、流感及呼吸道疾病患者死亡率成倍增加。在 1962 年类似的事件中，又造成 750 人超常死亡。

水俣病事件

1953 年及其后发生在日本九州南部熊本县水俣镇。含甲基汞的工业废水污染海水，使水俣湾和不知火海的鱼中毒，人食毒鱼后甲基汞在脑细胞中积累，达到一定浓度后受害发病。患者达上千人，其中 100 多人死亡。至今，有关水俣病赔偿的法律纠纷仍常见诸日本的新闻媒介。

痛痛病事件

1955 ~ 1972 年发生在日本富山县神通川流域。由于铅冶炼厂将未经过净化处理的含镉废水排放河中，污染了神通川水体，水灌农田使稻米含镉，人饮水和食用稻米后发生镉中毒。患者全身骨骼剧痛，难以忍受，最后骨骼软化萎缩，不能进食。据统计 1963 ~ 1979 年患者达数百人，死亡 81 人。

四日市哮喘事件

1955 年以来（尤其是 1961 年）发生在日本四日市，影响还蔓延到邻近几十个小城市。该市石油冶炼和工业燃料产生大量废气，大气中二氧化硫超标 6 倍，500 米厚的烟雾中到处弥漫着金属粉尘和硫酸雾。导致大量居民哮喘病发作，其中患支气管炎占 25%，支气管哮喘占30%，哮喘支气管炎占10%，肺气肿和其他呼吸道疾病占5%，数十人在哮喘的折磨中死去。

米糠油事件

1968年3月发生在日本北九州市、爱知县一带。在米糠油生产中工厂用多氯联苯作载热体，因管理不善，毒物混入米糠油。食用后发生中毒，患者眼皮发肿、全身起红疙瘩，重者恶心呕吐、肌肉疼痛、咳嗽不止、肝功能下降。受害者达1.3万人，一些人因医治无效而死，同时引起几十万只鸡死亡。

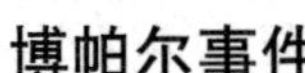

博帕尔事件

1984年12月3日凌晨，在印度博帕尔市，当人们还沉醉于美梦时，令人意想不到的事件发生了：美国联合碳化物公司投资的农药厂所用原料甲基异氰酸酯约45吨泄漏进入大气。由于该原料剧毒，能使接触者皮肤、眼睛、气管粘膜受到严重刺激，导致双目失明和死亡，一些人在梦中就进了“天堂”。但也许他（她）们还是幸运的，因为更多的人们正在遭受着更大的劫难和恐慌。四周的空气中弥漫着大量毒气，人们呼吸困难，脚步踉跄，不知要逃往何处，一些人在逃难的路上猝然倒下，许多人的视力逐渐模糊，最终失明，这一切就像世界末日到来了。博帕尔事件使当地居民20余万人受害，几天内2 500多人死亡。截止1989年底，共有2 800人死亡，2万多人住院治疗，5万多人失明而终生受害。中毒的孕妇大多流产或产下死婴。

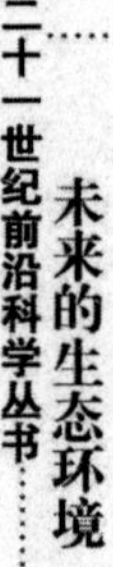

切尔诺贝利核泄漏事件

历史将永远记住1986年4月28日，就在那一天，前苏联乌克兰基辅市以北130千米的切尔诺贝利核电站四号反应堆因管理不善发生猛烈爆炸。引起大火，反应堆内的放射性物质外泄，当场死亡2人，300多人因受严重辐射而被抢救，抢救无效又有31人死亡。放射云漠视任何政治界限和国境线，随着辐射蔓延到大半个欧洲。从此，成百万人的健康和幸福将受到变幻莫测的风和雨的制约。在整个北半球都可测到这次事故的痕迹，13万人被迫背井离乡。对农作物、牲畜和土壤的污染俯拾皆是，造成了重大的经济损失。放射性尘埃飘落瑞典、挪威、芬兰、丹麦等邻国。长期后果中包括在未来的30~60年内大约造成5 000~50 000人的死亡。

莱茵河污染事件

1986年11月1日瑞士巴塞尔桑多兹化工厂仓库爆炸起火，使大量硫化物、磷化物、汞等有毒化学品流入莱茵河，致使这条欧洲著名大河中的鱼类大量死亡。下游的德国和法国大受其害，许多河水和井水被禁止饮用和禁止用于其他一切用途。有人认为要消除污染造成的影响需20年时间。

海湾战争中海洋和大气污染事件

1991年海湾战争爆发后，有150万~300万桶原油泄漏，严重

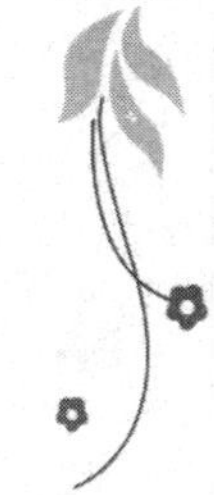

触目惊心的重大污染事件

地污染了波斯湾海域，造成几万只海鸟和大量鱼类死亡，生态环境遭到严重破坏。科威特王国共有900多座油井，其中有732座油井燃烧，造成严重的大气污染，使伊朗、土耳其、原苏联南部地区普降酸雨，在喜马拉雅山脉西部还下了黑雪。油井的燃烧大大增加了大气中二氧化碳、二氧化硫、碳氢化合物和氮氧化物的含量。它们可扩散到1.2亿平方千米（占地球表面面积的1/4），并对全球大气造成影响。海湾战争中由于普遍使用了高科技武器，一些放射性物质和有害物质已使参战美军患上一种称之为“海湾综合症”的疾病，目前已有数千人患病。

天空不是污染物的出气筒

蓝蓝的天，蓝蓝的梦。蓝天里包罗多少如诉如泣的歌……

大气与人类的生存息息相关，一个成年人每天大约要呼吸 10 立方米多的空气，折合质量约 13 千克，以维持正常的生理活动。而一个成年人每天摄取的食物约 1 千克，饮水 2 千克。一个人断粮 5 周，断水 5 天尚能生存，但断绝空气 10 分钟就会死亡。充足和洁净的空气对人体健康是须臾不可或缺的。

在过去几千年里，虽然自然排放和人类的活动也向大气中排放污染物，但其数量毕竟较少，同时，自然界也是比较宽宏大量的，有足够的容量和能力将一定数量的大气污染物分解、稀释、沉降、净化，因而没有造成多大的危害。但是，工业革命以来，人类活动排放到大气的污染物成百倍增加，大大超过了自然界的负荷，面对现代人类活动的大规模冲击，自然界的自然调节能力就远不能适应了，这就产生了大气污染。

大气污染严重到什么程度？有人描述世界著名的大城市墨西哥城说：1987 年元月下旬，烟雾浓密地笼罩在该城上空，许多鸟儿从天空跌落下来死去，商店里抗生素的销售量比平时猛增了3倍，市中心不得不设立大量的街头氧气室供路人使用，公路上的能见度不足50米。“太阳和月亮一个样，晴天和阴天一个样，鼻孔和烟囱一个样”，就是对严重大气污染的鲜明写照。

某物质进入大气，对人类或人类环境产生了可观察出的各种急、慢性不良影响，该物质就被称之为大气污染物。大气污染物可分为两类，即气态物质（如SO_2、NO_X、CO、NH_3、烃等）和颗粒物质（如碳粒、粉尘、烟尘等），污染物还能在大气中发生转化，因此又有一次污染物和二次污染物之分。直接由污染源（工厂、汽车等）排出，其理化特性未发生变化的物质，称为一次污染物，它是造成大气污染的主要原因和直接来源。一次污染物在大气受到阳光和其他物质的作用，发生复杂的化学变化而形成新的污染物，称为二次污染物。二次污染物对环境和人体的危害通常比一次污染物更为严重。

主要的一次污染物和二次污染物如下表所示。

主要的大气污染物

污染物	一次污染物	二次污染物
含硫化合物	SO_2　H_2S	SO_2　H_2SO_4　硫酸盐
含氮化合物	NO_X　NH_3　N_2O	NO_2　HNO_3　硝酸盐
碳氧化物	CO　CO_2	
有机化合物	C_1—C_5的有机化合物	NO_X与烃形成O_3、甲醛、过氧乙酰硝酸酯等
氟氯烷烃	CFC－11、CFC－12等	
颗粒物	各类烟尘和粉尘	气态污染物转化颗粒

青少年朋友们，人类究竟向大气排放多少污染物，你们猜得到吗？知道这个数字，也许你们会被吓一大跳。目前人类每年向大气排放的污染物：二氧化硫约 1 亿吨，氮氧化物约 7 000 万吨，烟尘约 1 亿吨，一氧化碳数百万吨，二氧化碳约 50 亿吨，碳氢类化合物数千万吨，特定氟里昂（氟氯烷烃，包括 CFC－11、CFC－12、CFC－113）约 9 万吨。除去无毒的二氧化碳，全球平均每人将均摊上近 50 千克的有毒大气污染物，这真是一个可怕的数字。这些污染物犹如一群群恶魔，一旦脱离了束缚，就将肆无忌惮地危害人类和人类环境。

世界上 12 次重大的污染事件中，有 7 次与大气有关，占半数以上，它们造成数千人死亡，数 10 万人受害。但是，大气污染的危害远不止此，各种慢性和长期影响造成的损害更加巨大。

燃烧煤炭和石油等化石燃料可排放出大量的二氧化硫、氮氧化物、一氧化碳、二氧化碳、碳氢化合物和烟尘。这些污染物常在局部地区形成高浓度，给人类健康和动植物带来危害，城市人口中呼吸道疾病和肺癌的大量增加，就是大气污染对人体健康造成损害的明显表现。同时，上述污染物还能造成各种区域性和全球性环境问题。酸雨、温室效应、对流层臭氧的增加，造成了难以估量的损失，困扰着全球的人们。

氟里昂的大量排放造成了平流层臭氧的减少，引发了一系列环境问题，由于到达地表的紫外线增加，使患皮肤癌和白内障的人数大为增加。

目前全球环境污染造成的损失约为 970 亿美元，我国则约损失 860 亿元人民币，其中 40% 来自大气污染。如此巨大的损失令人震惊。

大气无国界，大气污染造成的环境恶化是不容置疑的客观事实。从其毁灭人类和自然世界的可能性来说，其严重性仅次于核浩劫。

如此排气怎么了得?

有人说大气污染相当于发生了一次世界大战，这种比喻并不过分。因此，人们开始大声疾呼：“天空不是污染物的出气筒”“还我蓝天”“人人都要为能呼吸到清洁的空气而奋斗”。大气是人类共有的可无偿使用的宝贵财富，每个人从生下来开始就要呼吸空气，保护好大气环境，是全人类义不容辞的职责。

如何控制大气污染，是世界各国目前正在认真考虑并努力解决的问题，人们通过合理利用能源和污染治理与控制手段，已经在相当的程度上减缓了大气污染，但这还远远不够，还需要人们进一步的努力。特别是发达国家，在全球大气污染物排放量中占有非常高的比例，所以他们在治理大气污染、改善全球环境的进程中理应付出更多的努力。

我国是一个能源生产和消费大国，使用的能源主要为煤炭，燃煤排放的二氧化硫和烟尘是我国大气污染的首要因素，煤烟型污染是我国大气污染的主要特征。因此利用脱硫和除尘装置治理二氧化硫和烟尘污染是我国在21 世纪的重要课题。

烟尘——被宣判的杀人凶手

烟尘遮天掩日月，吞人噬物似恶魔。

曾几何时，烟尘就像一条放肆的孽龙，危害着人类的健康，成了威胁人们生命的杀人凶手。

随着工业的发展，人们在获取能源和工业产品的同时，排放了大量的烟尘，污染了自己的环境。大气中的颗粒物质又称为气溶胶，一般是极复杂的混合物，不仅有不同的化学组成，而且大小也是分散的，重要的粒子大小范围为6×10^{-4}到100微米。颗粒物可分为两类，一类是粒径大于10微米的，它们可在重力作用下很快降到地面，故称为降尘；另一类是粒径小于10微米的粒子，它们可以长时间（达数月或数年）地飘荡在空中，所以叫做飘尘。

由于飘尘的粒径较小，因此可以进入人体呼吸系统的内部并在肺部和支气管沉积。恰恰是这部分粒子常含有大量的有毒有害物质，因此可以极大地损害人体健康，成为许多疾病的罪魁祸首。

人为排放的烟尘中常含有较多的镉（Cd）、铬（Cr）、铍（Be）、镍（Ni）、钒（V）等有害金属元素和致癌有机物，如苯并（a）芘等，它们通常被大量富集在粒径0.5~5微米的粒子中。

若经常呼吸含有氧化铬飘尘的空气，其中的氧化铬就积蓄在鼻黏膜上，损害鼻黏膜使人失去嗅觉，闻不到鲜花的芳香。现代城市居民嗅觉普遍下降、莫不与此有很大的关系。大气中的飘尘，由于自身组分的毒性或由其表面活性而吸附的气体毒物或细菌，常破坏人体呼吸道的正常功能，引起鼻炎、气管炎、哮喘、肺炎、肺气肿等疾病，还能使肺心病的死亡率成倍增加。举世闻名的伦敦烟雾事件，就是上述情况的最好说明。

加拿大在1961年就有2 774人死于肺癌，为30年前的8倍，城市比农村高2倍。美国近10年肺癌的死亡率增加了5倍，专家调查证明，肺癌的90%以上是由于大气污染经过长期作用而诱发的。我国山西省大气污染最严重的是太原市，太原市肺癌的死亡率居山西省第一位。近50年以来，全世界肺癌发病率男性增加10~30倍，女性增加3~8倍。北京市从1949年到1979年的30年间，癌症死亡率增加了145%，已上升为死因素的第二位，而其中与大气污染有直接关系的肺癌则高居榜首。在世界各大城市的对比中，我国上海市肺癌发病率已居首位。

造成肺癌剧增的主要原因是飘尘中所含的苯并（a）芘等芳香族化合物。每烧1千克煤可产生0.21毫克苯并（a）芘；汽车每行驶1小时可产生300毫克苯并（a）芘，香烟的焦油中也含有一定的苯并（a）芘。实际上，大家已通过各种途径熟知苯并（a）芘是一种强致癌物质，大气中苯并（a）芘的浓度每上升百万分之一，肺癌的发病率将上升5%。因此，要想降低肺癌的发生率和死亡率，就必须降低颗粒物的污染水平，有效地控制烟尘污染。

工业活动过程中也能产生一些粉尘，如石棉微粒和煤矿粉尘，

烟尘污染环境
危害人类……
……………

杀人凶手

杀人凶手

杀人凶手

烟尘——被宣判的杀人凶手

它们被作业的工人吸入后，逐渐沉积于肺部，促使结缔组织增生，使肺部纤维化，即形成所渭“矽肺”“尘肺”“石棉肺”。患这种病症初期，虽然肺部功能已严重受损，但患者几乎没有感觉，较长时间后才可能出现一系列呼吸道症状和肺部症状，晚期患者则出现肺癌、肺心病等以至死亡。目前，对这种职业性疾病尚无良策，晚期患者只能坐以待毙。

目前石棉粉尘十分引人关注，因为它也被认为是一种致癌物质，易导致发生原发性肺癌和少见的胸膜处的间皮肉瘤。据前苏联统计，在肺石棉沉着病的患者中，肺癌的发病率为7.5%～16%，而普通成人的肺癌发病率则为1%。石棉的致癌机理尚未搞清，其说不一，因而人们正在深入地进行研究。

鉴于烟尘和粉尘对人体健康的严重影响，人类健康法庭已经宣判它是凶恶的“杀人凶手”。但是目前，仍有许多“凶手”在逍遥法外，如何将它们真正地——“捉拿归案”，是人们应当认真考虑的问题。

地球的被子变厚啦

太阳辐射为短波辐射，最大能量在波长 600 纳米（即 10^{-9} 米）处；而地球向太空的辐射则为长波辐射，最大能量在波长 16 000 纳米处。温室的玻璃可让 90% 以上的阳光通过，同时却可吸收 90% 以上波长大于 2 000 纳米的长波辐射，从而提高和保持室内的温度，所以称为温室效应。利用温室效应，农民们可以在冬天种植蔬菜，这是人们利用大自然造福人类的例证之一。

大气中的二氧化碳（CO_2）和其他微量气体甲烷（CH_4）、一氧化二氮（N_2O）、臭氧（O_3）、氟氯烷烃（CFC_S）、水蒸气（H_2O）等可以使短波几乎无衰减地通过，但这些气体在长波辐射段却有很强的吸收带，可以大量吸收长波辐射。因此这些气体对全球气候有类似于温室玻璃的作用，故称上述气体为温室气体，由此产生的效应称为大气温室效应，简称为温室效应。

实际上，大气中早就存在一定的 CO_2、N_2O、CH_4、H_2O 等气体，因此温室效应早已存在。如果不存在这一作用，实际地球表面平均温度将不是现在的 15℃，而是 -18℃，因而增高的 32℃ 无疑是温室效应的结果。温室效应就像是给地球盖上了一条被子，使地球不会“着凉感冒”。可以说，生物和人类的发展还受惠于温室效应。但现在我们遇到的问题是大气中温室气体增加，温室效应加强，因而导致全球气候变暖并由此产生一系列环境问题。这也意味着地球的被子越来越厚，捂得地球“上火发烧”。所以，当今人们所研究的应当是温室效应增强问题，但为了方便起见，仍称之为温室效应。

在过去的100多年中，全球平均地温上升了0.3～0.6℃，1981～1990年全球平均气温比百年以前的1861～1880年上升了0.48℃。20世纪80年代是有记录以来最暖的10年，90年代热浪以极迅猛的势头又横扫全球。热，1994年夏季，我国广大人民经历了多少个难眠之夜；热，日本全国多处气温超过40℃，全国1/3地区气温超历史最高水平；热，加重了非洲的干旱，井水枯竭，牲畜死亡，人们被迫背井离乡。气温上升不仅使气候反常，干旱加剧，还造成了海平面上升，这主要是由于温度上升造成极地冰冠溶化和海洋膨胀而造成。从1880～1980年，海平面上升量约为8厘米以上。

人们估计由于温室效应，今后的数十年内年平均气温将比现在升高2.5～4.5℃，气温升高将加剧中纬度地区干旱，造成海平面上升40～140厘米。如果不加以有效控制，那么到下个世纪中末期，全球气温将上升6～8℃，海平面将可能上升3～5米。

我国北方大部分地区的人们对干旱也许并不陌生，冬季无雨雪、伏旱，庄稼由于干旱减产，人畜饮水困难，严重地制约着经济的发展并给人们生活带来不便，沙漠犹如一只黄脸恶魔，正逐渐地吞噬着大片的土地。如果干旱继续加剧，人们将何以生存？

也许有些人对海平面上升不以为然，认为海平面只不过上升了几米，这能给人类带来多大的影响呢？但仔细调查一下，将得出使人瞠目结舌的结果。科学家们预测，由于海平面上升，到2030年左右，一些大城市如纽约、威尼斯、曼谷、伦敦、上海、雅加达、台北、悉尼、东京、大阪等城市将面临海水淹没的危机。荷兰和日本将在2100年完全沉没。不仅如此，由于海水上升造成海岸线浸蚀和后退，将有数以10亿计的人被迫迁离沿岸地区和三角洲地区。鉴于目前全球人口和工业大部分聚集在沿海地区，因而海平面上升带给人类的灾难将无法估量。

近10年来美国科学家对金星资料研究后指出，大约在40亿年前，金星上有过海洋。但由于那时金星经历了与现在地球上同样的温室效应，致使海洋水分被蒸发掉了。目前，金星大气层中97%为CO_2，因此，金星的表面温度很高，达297℃，任何生命在金星都无法生存。所以，有人认为地球上目前发生的情况与40亿年前金星发生的情况类似。如果这一推理成立，那么一度曾被认为是地球孪生天体的金星，很可能是当今地球的前车之鉴。因此，地球气温升高可能会毁掉地球。

当然，上述预测是一种较悲观的情况，也许经过人们的努力，这些情况不会发生，或者程度没有那么严重，但是人类不应存在丝毫的侥幸心理，正像许多军事家那样，“未料胜，先料败”，充分地认识到了上述问题的严重性，并努力防患于未然，才是当今人类所应有的意识。

大气中CO_2、N_2O、CH_4、O_3（对流层）、CFC_S等气体的增加是加剧温室效应的元凶，而上述气体的大量增加是人类活动的直接结果。

CO_2是最重要的温室气体，它对温室效应的贡献达55%左右。据测定19世纪上半叶工业革命前CO_2浓度只有27×10^{-5}，目前则上

被子盖厚，肯定上火

升至 36×10^{-5}，增加了近1/3。近几年来，CO_2 每年以 1.5×10^{-6} ~ 2×10^{-6}的速度增加，到2025 ~ 2030年将比工业革命前增加一倍。全世界 CO_2 的排放量，1860 ~ 1910年只有9 000万吨，但目前已达50亿吨左右。CO_2 的大量增加主要源于石化燃料的大量燃烧和森林被破坏。

CH_4、N_2O、对流层 O_3 和氟氯烷烃的成倍增加也是造成温室效应加剧的重要原因，特别是氟氯烷烃的增加，不仅自身会造成温室效应，还能造成平流层臭氧的减少。反过来加剧温室效应，因而是值得人们十分关注的。

全球变暖对于全人类来讲是一场灾难。因此，避免或减缓全球变暖是全人类共同的责任。由于气候变暖主要是大气中温室气体增加造成的，因此，避免或减缓全球变暖首先要改变能源和生产结构，少排放温室气体。其次应利用各种先进的科学技术对温室气体进行回收。在这一问题上，日本和美国走在了世界的前列，已经成功地开发了一种冷凝固定、深海贮存二氧化碳的尖端技术。科学家们利用冷凝固化法固定烟气中的二氧化碳，将这些二氧化碳用贮藏罐运至海上，最后放入3 000 ~ 5 000米的深海。用这种方法可以固定大量的二氧化碳，使之不进入大气。另外，美国科学家还提出向海洋投放一定量的微球状铁以促进某种海藻的生长，由于这些海藻具有很强的吸收大气中的二氧化碳的本领，所以可以大量吸收大气中的二氧化碳，使大气中的二氧化碳浓度下降，达到减缓和控制温室效应的作用。为了降低全球变暖造成的影响，各国还应根据具体情况制订出相应的对策，并通过国际性的合作，来应付人类所面临的共同挑战——全球温室效应。

南极天空中出现了大窟窿

女娲补天是中国神话中一个美丽的故事，它世代传颂，牵动过多少颗善良的心。但今天在我们头上的天空确实有“洞”需要修补。据测定，从1984年开始，南极春季平流层中出现臭氧空洞。其后，美国“雨云-7号”气象卫星观测到这个“洞”大如美国，高愈珠峰，臭氧层已经减少了近一半。不仅如此，目前全球各个纬度平流层的臭氧，均有不同程度的减少。例如在过去的10年里，北半球上空臭氧层臭氧含量已下降了约6%。

那么，平流层中的臭氧到底有什么作用呢？它的减少又会对人类造成什么影响呢？

距离地表面15～50千米的高空称之为平流层，那里“风平浪静”，非常稳定，但它是地球上一切生命的保护伞。在强烈的太阳光作用下，平流层中的氧经光化学反应生成臭氧（O_3）。两个氧原子组成一个氧分子，而三个氧原子则可组成一个臭氧分子，臭氧具有特殊臭味，与“香”相对，然而，臭氧极其活泼，是强氧化剂，可用于净水和消毒。

大气中的臭氧含量是微乎其微的，只占一亿分之一。在离地面20～35千米的平流层中，存在着一个臭氧层，但其中臭氧的含量也只占这一高度上空气总量的约十万分之一。

臭氧含量虽然极微，但它却有一个十分重要的本领，它能强烈地吸收200～300纳米（10^{-9}米）的紫外线，而紫外线，尤其是波长为260～340纳米的紫外线。对生物有十分强烈的杀伤力。因此，臭氧层有效地阻挡了来自太阳紫外线的侵袭，保护地球上生命的存在、繁衍和发展。所以，它被人们誉为“地球的卫士”“地球之盾”“人类的核保护伞”。

平流层臭氧减少和南极臭氧空洞的出现主要是人类大量使用氟里昂（氟氯烷烃，CFC_S）等化学物而造成的。氟里昂作为当今人类的重大发明之一，被称为“20世纪梦幻般的物质”，广泛用于空调和冰箱的致冷剂、泡沫塑料生产过程中的发泡剂、电子元件等的清洗剂和农药喷雾用的喷雾剂等，与现代文明息息相关。但是，由于氟里昂的化学性质极为稳定，在对流层（地面至15千米高空）中难于分解，停留时间长，它们可逐渐扩散到平流层中。进入平流层中的氟里昂在紫外线的作用下可发生分解并释放出氯原子，氯原子马上可与臭氧分子发生连锁反应，形成氧原子，一个氯原子就可以破坏掉10万个臭氧分子，从而造成平流层中臭氧含量的降低。

目前，已经探明了南极臭氧空洞形成的原因。由于南极大陆上空大气在冬季非常寒冷，平流层中大气气温可达－80℃左右，在这种情况下南极上空可形成覆盖南极大陆的极夜涡，极夜涡中可形成许多冰晶颗粒，在这些冰晶的表面吸附了许多以贮存形态存在的氯。春季阳光照射下气温上升，冰晶溶化，冰晶上吸附的氯被大量释放出来，它们一旦脱离了“魔瓶”的束缚。就像一群群

魔鬼，形成高浓度并大肆破坏臭氧，造成臭氧的急剧减少，以致好似在南极上空“开了一个天窗”。

毫无疑问，平流层中臭氧减少后，到达地表的紫外线将增加，这将会对人类健康和地球生态系统以及各种生命活动产生复杂的影响。

紫外线辐射被各种细胞吸收后会引起不良的生理效应，破坏蛋白质和核酸的分子结构，使其失去应有的生物功能。特别是能破坏人体抗病机能，从而诱发多种疾病，包括晒伤、眼病、光照反应和皮肤癌。

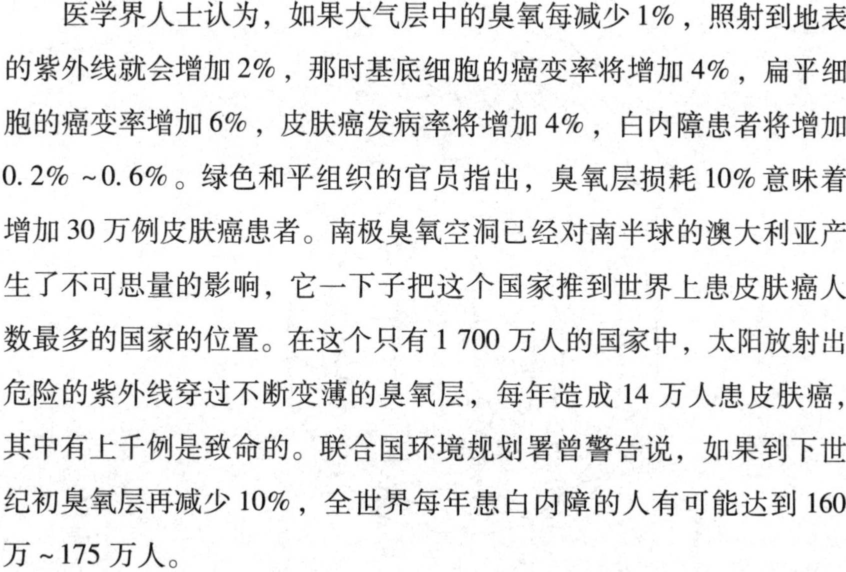

医学界人士认为，如果大气层中的臭氧每减少 1%，照射到地表的紫外线就会增加 2%，那时基底细胞的癌变率将增加 4%，扁平细胞的癌变率增加 6%，皮肤癌发病率将增加 4%，白内障患者将增加 0.2% ~0.6%。绿色和平组织的官员指出，臭氧层损耗 10% 意味着增加 30 万例皮肤癌患者。南极臭氧空洞已经对南半球的澳大利亚产生了不可思量的影响，它一下子把这个国家推到世界上患皮肤癌人数最多的国家的位置。在这个只有 1 700 万人的国家中，太阳放射出危险的紫外线穿过不断变薄的臭氧层，每年造成 14 万人患皮肤癌，其中有上千例是致命的。联合国环境规划署曾警告说，如果到下世纪初臭氧层再减少 10%，全世界每年患白内障的人有可能达到 160 万 ~175 万人。

紫外线增加还可能破坏地球生态系统，影响植物的生长和光合作用，造成农作物减产。一些微生物和水生生物对紫外线非常敏感，如果没有有效的阻挡，紫外线可穿透海水并杀死浮游生物，损害鱼、虾等幼苗，破坏水域的生态平衡，导致水产的产量锐减并导致一些生物的灭绝。同时，过量的紫外线还可加剧许多物质的老化和分解，

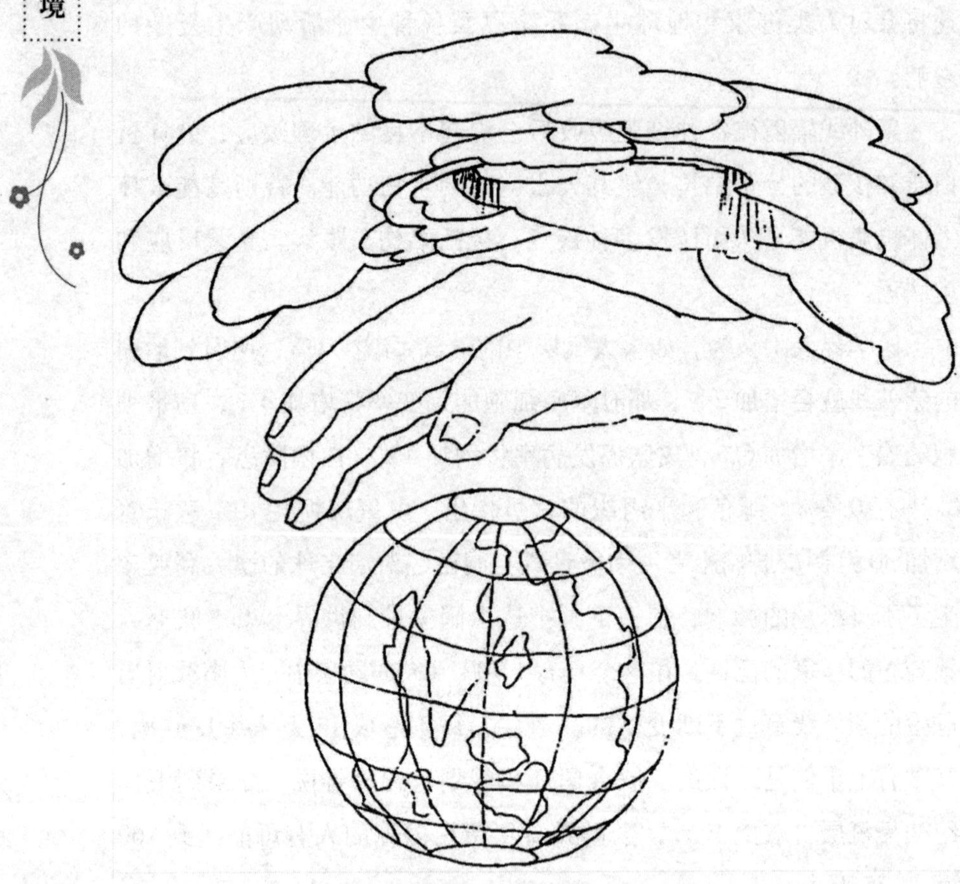

南极天空中出现了大窟窿

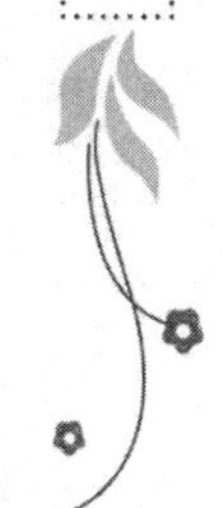

给人们带来新的环境与经济问题。

由此可知，失去了芸芸众生的核保护伞，短波辐射将更多地到达地表，破坏人体健康，造成作物减产，海洋生物死亡，这是地球的大灾难。女娲何在？苍天谁补？

20世纪80年代以来，臭氧的减少引起了人们的广泛关注，从1985年科学家发现南极大陆上空出现臭氧空洞后　促使主要工业国家于1987年在加拿大的蒙特利尔签署了一项条约，规定到2000年要把“臭氧杀手”氟里昂的产量削减一半。1990年后人们又多次修订这个条约，规定在2000年前终止生产和使用对臭氧层破坏作用最大的几种氟里昂。我国已于1991年在修订后的议定书签字。目前，研究和生产氟里昂替代品的工作如火如荼并取得了很大的进展。

在个人自我保护方面，丹麦环境部督促人们戴太阳帽、穿防晒衣服。智利南部的一些地区，父母们在上午10点至下午3点之间把孩子关在屋里，足球队的训练时间只好后延。澳大利亚政府经常警告国民不要过量进行日光浴。新西兰政府则要求小学生们戴太阳帽，并在树荫下用午餐。

由于紫外线是太阳光谱中最易被红色光吸收的部分，所以如果穿红色衣服，可保护皮肤少受紫外线危害，减少皮肤癌的发病率。为了保护我们的皮肤少受紫外线的侵袭，“让更多的红头巾扬起来、红裙子飘起来、红衣裤飞起来”。

空中死神——比醋还酸的雨

“好雨知时节，当春乃发生。随风潜入夜，润物细无声。”雨水对万物的生存有着重要的作用，她滋润着大地，养育着生灵。但是，在全球许多地区，雨水已变得越来越酸，造成了极大危害，人们形象地把它喻为“来自空中的死亡之神”。

pH 值小于 5.6 的雨雪或其他形式的大气降水，统称为酸雨，它亦是大气污染的一种表现。20世纪 30 年代以前，大自然中也曾偶有酸雨存在，但那只是个别火山爆发时才偶然造成的。随着工业化的进程，化石燃料（煤、石油等）燃烧排放出大量的二氧化硫和氮氧化物，大批烟囱如雨后春笋，林立于城市和乡村。烟囱上的袅袅浓烟曾被文学家描绘成“黑色牡丹”；大批的汽车拖着浓浓的青烟奔驰在公路上，被人们喻为“黑色尾巴”。正是这些“黑色牡丹”和“黑色尾巴”制造了酸雨这一“空中恶魔”。

酸雨的形成是一种极为复杂的大气化学和大气物理过程，酸雨中含有多种无机酸和有机酸，一般多为硫酸和硝酸，它们主要是由人为排放的二氧化硫和氮氧化物转化而成。二氧化硫和氮氧化物可

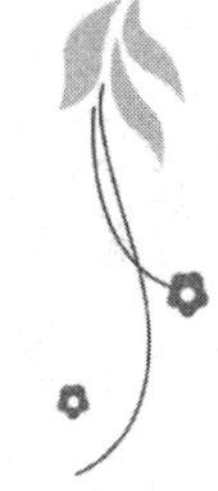

能是当地排放的，也可能是跨国飘移来的高烟囱排放物。例如，美国为了保持本国的环境，将大量电厂等建在东北部与加拿大交界处，通过高烟囱排放转嫁污染，使加拿大饱受酸雨之害。因此引起了一系列环境政治纠纷。

被人们排放到大气中的二氧化硫可以通过气相或液相化学反应生成硫酸。其化学反应过程可简示如下：

气相反应：$SO_2 + 1/2O_2 \xrightarrow{\text{催化剂，阳光等}} SO_3$

$SO_3 + HO_2 \longrightarrow H_2SO_4$

液相反应：$SO_3 + HO_2 \longrightarrow H_2SO_3$

$H_2SO_3 + 1/2O_2 \xrightarrow{\text{催化剂}} SO_3$

还有一种氧化过程是更为复杂的非均相反应机制，即二氧化硫气体被吸附在颗粒物表面，在催化剂的作用下生成硫酸。

高温燃烧产生的一氧化氮进入大气后大部分可转化为二氧化氮，遇水则生成硝酸和亚硝酸，其化学反应过程大致如下：

$NO_2 + 1/2O_2 \longrightarrow NO_2$

$NO_2 + HO_2 \longrightarrow HNO_3 + HNO_2$

亚硝酸还可以进一步被氧化，最终生成硝酸。

酸雨问题目前已经成为备受人们关注的区域环境问题。“天不下雨人盼雨，天若下雨人怕雨”。整个欧洲、北美洲和亚洲都已处在酸雨的危害之中。北欧的斯堪的纳维亚半岛南部、瑞典、丹麦、波兰、德国、捷克、加拿大等国的酸雨 pH 值多为 4 ~ 4.5。北美一些地区 pH 值 3 ~ 4 的酸雨已司空见惯，美国 15 个州降雨的 pH 值在 4.5 以下，西弗吉尼亚州地区雨水 pH 值甚至曾达不足 1.5，为最严重的纪录。日本静冈县清水市雨水 pH 值曾达 2.3，神奈川县川崎市曾达 3.3，千叶县京原市曾达 3.8。

我国南方大部分地区也已出现酸雨，特别是西南、华南和东南沿海，酸雨污染尤为严重。重庆、贵阳、长沙、柳州、厦门雨水的年平均 pH 值为 4～4.5，许多地区都出现过 pH 值小于 3.5 的雨水。就连远离工业地带的"净土之地"峨眉山，近年来也受到酸雨光顾，主峰金顶（3 078 米）时常出现 pH 值小于 4.5 的酸雨。目前，全球的酸雨正在有增无减地发展，不断出现一些新生的酸雨区，印度、巴西、南非等国以及东南亚地区已经出现了酸雨问题。

大家都知道，我们通常喝的食醋 pH 值为 3～4，那么有许多雨水的 pH 值竟然低于食醋。如此之酸的雨水造成了极大的环境危害。它们破坏陆地生态，造成森林死亡、作物减产。在欧洲，大量树木受到酸雨的侵袭以后，叶子脱落，嫩枝变得像玻璃一样脆弱，最后成片枯死。意大利北部已有 9 000 公顷森林因酸雨危害而死亡。享有"旅游者天堂"盛名的瑞士。由于酸雨的危害，全国近 3 亿棵树中，有 1/4 已经枯死，还有 14% 的树木奄奄一息，苟延残喘。德国已有数百种树木因酸雨危害绝种。美国东部沿海地区的最高峰——北卡罗来纳米切尔山顶的红云杉和福莱氏冷杉正趋于毁灭，在那里已经很难见到植物繁殖的迹象。日本北陆地区山上树木成片枯死，白花花的树干失去了绿色的旗帜，在风中向人们哭诉着不幸的遭遇。我国重庆南山马尾松在强酸作用下已经死亡 90%，峨眉山金顶附近的珍稀高山冷杉也大量枯死。美国科学家研究表明，授粉后立即遭受酸雨喷淋的玉米，结出的颗粒要比未受酸雨淋过的玉米少。很多地方一场酸雨过后，几百亩农作物一片枯焦。由于酸雨的影响，我国柳州、重庆等地出现小麦、水稻死苗现象。1982 年 6 月 13 日夜里，重庆近郊一场大雨过后。遭到雨淋的 1 333 公顷水稻竟完全枯死。

在土壤盐基饱和度低的地区和酸化缓冲能力低的水体，酸雨还能使土壤、湖泊、河流酸化。当土壤和水体 pH 值降到 4 以下时，土壤和水体底泥中的有害金属（如铝等）可溶解，毒害植物根系和水生生物，造成湖泊和河流中的鱼贝类死亡以至绝迹，而造成“死河”“死湖”。在美国，酸化的水域已达3.6万平方千米，在28个州17 059个湖泊中，有9 400个受酸雨影响使水质变坏。纽约州北部阿迪龙达克山区，目前半数以上湖水pH值在4.0左右，90%无鱼，听不到蛙声，死一般的寂静。加拿大和北欧的湖泊也死湖遍布，碧波下成为无生命的世界。

酸雨是超级腐蚀剂。酸雨能腐蚀建筑材料、金属构件、油漆等，使古今建筑和文物等受到损害。美国一家杂志曾写道：雅典在公元前5世纪修建的著名古迹巴特农神庙，是2000多年各类劫难之后的幸存者，曾多次遭到战争风云的玷污和破坏，“罗马征服者把它变成妓院，基督教徒把它当作教堂，土耳其人把它变成清真寺，然后又把它变成火药库，1687年威尼斯人的炮火击中了它并引起爆炸。但是，在巴特农神庙的历史中，没有任何损害可以与过去50年来的大气污染所造成的损害相比”。在酸雨的强烈腐蚀下，建筑物表面那层起保护作用的石蜡“盔甲”已脱落得斑驳陆离，晶莹光洁的大理石仿佛长了皮肤癌，各种精美的浮雕和花纹图案，已经面目全非，失去了昔日的光彩。我国重庆市是酸雨侵蚀极为严重的地区，电视塔、建筑机械的维修、路灯及电线的更换频率比类似城市快1~5倍。嘉陵江大桥的钢梁每年锈蚀0.16毫米，如此下去用不了30年，就会因钢梁锈坏而发生危险，百年大计，无从谈起。

控制酸雨的根本措施是减少二氧化硫和氮氧化物的排放，也就是“消除黑色牡丹”，“斩断黑色尾巴”。为此，需要在工厂增加脱硫设施，在汽车上安装尾气净化装置。同时，由于酸雨是跨国界污染问题，所以还需要有关国家的共同努力。期望在不远的将来，人类将制服酸雨这一“空中死神”。

酸雨滴虽小，危害却大

汽车增多是好事还是坏事

汽车是现代文明的重要标志之一。它作为人们的交通工具，给人们的工作和生活带来了极大的好处，现代人的生活，越来越离不开汽车。没有了汽车这个“飞快移动的小甲虫”，人们将会“像蚂蚁一样缓慢爬行”。欧美日许多国家还出现了以汽车为主题的“汽车文化”。

20 世纪 40 年代，全世界拥有 250 万辆汽车，到了 70 年代，则增加至 2 亿多辆，目前则飞速增长到 6 亿多辆（含摩托车）。其中美国是一个汽车大国，拥有 2 亿多辆汽车，几乎人均一辆。近年来，我国汽车的生产量和保有量飞速增长，汽车保有量的年增长率一直在 10% 以上。

应当说汽车的出现和大量增加是造福人类的好事。但是，事物总是一分为二的，汽车也是如此，有利亦有弊，汽车行驶中产生的尾气污染大气环境就是它的一大弊端。

汽车行驶需用汽油或柴油作为其燃料，这些燃料燃烧时会排放出大量的碳氢化合物（VOC_S）、氮氧化物（NO_X）、一氧化碳（CO）

和烟垢，它们强烈地污染着环境。有一些青少年朋友并不讨厌汽油味和汽车排气的味道，笔者小时候就挺愿意闻这些味儿，现在想来真是受害非浅，也许今后得了癌，还要归结于小时候的无知呢。

美国是世界上汽车数量最多的国家，汽车是美国大气污染最大的污染源，60% ~90% 的大气污染来自汽车。举世闻名的洛杉矶光化学烟雾，就意味着汽车已从现代文明的象征转变成为一个对人类生存造成严重威胁的象征。

光化学烟雾是指碳氢化合物和氮氧化物在阳光的作用下发生光化学反应，生成臭氧（O_3）和过氧乙酰硝酸酯（PAN）等二次污染物，造成一系列环境影响。光化学烟雾一般发生在阳光充足、大气相对湿度较低、气温在 24 ~ 32℃ 的夏季晴天，烟雾浓时可呈蓝色，污染高峰出现在正午或稍后。通常出现在大城市和其下风方向。

20 世纪 50 年代以来，世界各地不断发生光化学烟雾事件，除了洛杉矶光化学烟雾之外，美国几乎所有城市都曾发生过光化学烟雾。1970 年，洛杉矶有 3/4 以上的居民出现过眼部受刺激的症状。

按单位面积计算，日本的汽车比美国的还多，东京、大阪等城市也曾多次发生光化学烟雾。1970 年冬季，东京市的大气中光化学氧化剂浓度竟比平时高 10 倍，空气污浊，共有 2 万多人得了眼痛病。在高浓度光雾区，正在操场运动的青年学生，大部分突然红眼、喉咙肿痛，个别人当场昏倒。过去，东京市民一年中有 100 天可看到美丽的富士山，这一年则仅有十几天。

由于街道光雾弥漫，辛苦了交通警察，他们只好缩短值勤时间，上岗时居然戴上了防毒面具，下岗归队时头一件事就是吸氧，以便尽快恢复元气。在东京的一些百货公司和酒吧以出售新鲜空气牟利，吸氧 3 分钟付款 80 美分，一些厂家还别出心裁，生产出一些便于携带、使用方便的氧气瓶和吸氧工具，供家庭使用。

原苏联、加拿大、墨西哥和印度的一些大城市也都发生过光化学烟雾。墨西哥城内有 300 万辆汽车在拥挤的街道上行驶，加上四周峰峦环抱，常出现逆温现象，使光化学污染十分严重。1989 年 1 月，为了使儿童在冬季免受烟雾之害，学校曾整个月停止上课。

我国汽车技术水平尚低，产品与国外水平差距大。目前我国汽车单车排放污染是发达国家同类单车排放的十几至几十倍。在用车由于维修保养不善，污染物排放尤其严重。以北京为例，目前汽车保有量为 80 多万辆，数量仅为东京和洛杉矶的 1/10，但由于单车排放量大，导致全城碳氢化合物和氮氧化物的排放总量已超过东京和洛杉矶，加之城市交通设施不合理和市内居民集中，更加剧了汽车污染的程度和危害性。目前在我国北京市和广州市，已经出现了光化学烟雾的苗头。

汽车污染对人体健康的另一种危害是柴油车排放的大量烟带。这些烟带中通常含有较多的多环芳烃等致癌物，如苯并（a）芘，它们被吸入人体后，会引发肺癌等癌变。

汽车增多是好事还是坏事

面对汽车增加带来的一系列环境问题，人类痛定思痛，开始努力治理汽车污染。与前述“汽车文化”共同诞生的“汽车污染控制”和“汽车污染化学”作为当代科学的前沿学科，备受世人重视。美国1990年颁布了《清洁空气法》，确定了较以往更为严格的新的汽车排放标准。日本和欧洲紧随美国之后，都建立了较完整的汽车污染控制体系，法规、标准不断完善，汽车排放控制水平不断提高。

从环境保护角度来看，未来的汽车应该是低污染甚至是零污染的。目前，科学家们已经开始设计电动汽车、太阳能汽车和各种清洁燃料汽车（如液化石油气、压缩天然气和甲醇燃料等）。

孩子们的困惑——水是什么颜色的

一日饭后闲暇，我信手拿起晚报，一标题映入眼帘，“家乡有条五彩河”，令我兴趣大增。细细一看，却愕然。原来报上登载的是作者家乡的小河被污水严重污染，各种污染物排放河中，使原来清凉翠碧的小河成了一条又脏又臭的纳污沟。河中及两岸动植物已无法生存，沼气不时从河底冒出，河水一天几变色，红的、绿的、灰的、黑的、蓝的……所以人们忧虑地称它为“五彩河”。看到这里，不禁令人怅然，联想到许多水体都受到了不同程度的污染，使人不由得不思考，未来出生的孩子们将看到什么颜色的水，他（她）们还能看到多少真正清洁的水。

水是生命的源泉，生命离不开水。地球，人类的母亲，用她那甘甜圣洁的水，养育着50多亿儿女。一个人每天需要2～3升的饮水，人均日常生活用水几十至几百升不等。人体重量的75%是水。不仅如此，水还是工农业生产所必须的资源，缺少水源，许多工厂将无法开工，农田无法耕种。

但是，人类的生产和生活过程中排出了大量污染物，极大地污

染了水体，造成了水质恶化。各种污染物进入水体后，对环境、生物和人都会造成危害。此外大量的含热废水，如发电厂的大量冷却水可使水温升高，使水中溶解氧含量下降，称为“热污染”。由于水与人们的生产和生活有极其密切的关系，所以水质污染对人们的影响是十分巨大的。世界著名的12次重大污染事件中，有4次与水污染有关。

水质污染一般可分为需氧污染。富营养污染，酸、碱、盐污染，重金属污染和有毒有机物污染。从水体上讲，主要有地表水污染、地下水污染、海洋污染等，这里主要介绍地表水污染。

水污染后，通过饮水或食物链，污染物可进入人体，使人体发生急性或慢性中毒。砷、铬、胺类、苯并（a）芘等，还可诱发癌症。被镉污染的水、食物被人饮食后，会造成肾和骨骼病变，人摄入硫酸镉20毫克，就会死亡，慢性镉中毒会得“痛痛病”。铅造成的中毒者会发生贫血和神经错乱。六价铬有很大毒性，能引起皮肤溃疡，还有致癌作用。另外，水污染还会发生以水为媒介的传染病。人畜粪便等生活污水污染水体，可以引起细菌性或病毒性肠道传染病，如伤寒、副伤寒、痢疾、肠炎、霍乱、副霍乱、甲型肝炎等，如1948年和1954年英国两次霍乱流行，死亡7 500人，都是由于水污染引起的。1989年春上海流行甲肝，患病者达27万人，死亡上千人，一时间全国人心惶惶，谈虎色变，就是由于食用被污染的毛蚶而造成的。

水污染还造成水生生物的死亡和灭绝，并严重地影响水体景观。200多年前，英国泰晤士河水流清洁，是鱼类生活和水禽栖息的天然场所。但是，英国工业革命后，大量的工业废水和生活污水不断排入河里，使河水日益浑浊。到20世纪五六十年代，污染达到登峰造极的程度。污黑的河水，熏人的臭气，灭绝的鱼类，被人们称为“死亡之河”。伦敦人曾开玩笑说，掉进泰晤士河的人还没有淹死之前就被毒死了。

欧洲、美国、加拿大、日本、印度、苏联也出现过形形色色的水污染，许多闻名世界的大江河、大湖泊已经失去了往日绚丽的光彩，被水污染搞得黯然失色。

目前，我国的地表水污染相当严重，不仅如此，我国大量的湖泊也受到了严重污染，人们惊呼：洞庭湖SOS！鄱阳湖SOS！巢湖SOS！西湖SOS！……大自然，已经向人们亮出了红牌。

要想杜绝和减缓水体污染，就必须对生产污水和生活污水进行有效地处理，不能听之任之地让污水流入天然水体中。20世纪60年代开始，人们充分认识到了水污染的危害，并着手进行污水处理和水体净化工作。污水处理是利用物理、化学或生物的手段，去除污水中的有害物质。污水处理依其步骤可划分为三级处理。处理级别越高，水中残留的有害物质也就越低，但同时成本也就越高。因此，

孩子们的困惑——水是什么颜色的

人们将根据污水的性质和所要达到的要求，选择不同的处理方法。

经过30余年的努力，发达国家水体的水质得到明显改善。例如英国政府从20世纪60年代开始对泰晤士河进行大规模整治，通过一系列政策、法规和技术手段，这条“死亡之河”正在逐渐恢复生机。日本98%的天然水体水质已达到国家标准。治理我国的水质污染，任重而道远，人们希望经过努力使我国的水污染得到有效的控制。

海洋不是倾污池

蓝色的大海无边无垠、浩翰奔腾，她孕育了地球的一切生命，是地球上最大的生态系统。海水覆盖了地球表面的71%，我们的地球真可谓是“水的行星”。海洋中的浮游生物通过光合作用，吸收地球上多余的二氧化碳，造出我们所必需的氧气。海洋每年产生360亿吨氧气，为全球生产氧总量的70%以上。海洋是地球的天然“肺脏”。人类破坏海洋，等于是“扼颈自窒”。

对于人类来说，海洋是个巨大的天然宝库。海洋能调节气候和降水，向人类提供食品、能源和矿物，海上运输是能提供大容量洲际运输的唯一交通工具。人们预测21世纪将是海洋开发的新世纪，人类要重返海洋，海洋有巨大的潜在承载力，可养活超过陆地人口几倍的人口。国外科学家则认为“新的工业革命”将是海洋的全面开发，海洋资源的有效利用对未来的社会和经济发展有巨大影响。

但是，长期以来，人们似乎认为海洋是一个永远任劳任怨的“清洁工”和“垃圾桶”，以为什么脏物只要扔入大海，大海的波涛会一下子把它吞没，然后，大海依然是那么蔚蓝和一尘不染。

其实，海洋自身的清洁能力是有限的。战争年代，成千条军舰葬身海底，成万架飞机坠入碧波，大海忍气吞声地“吃”了这些苦果。世界进入和平时期，大海遭受的劫难更大，各种废水、废渣，随降水而落的大气污染物，每年频繁的船舶漏油事件，海上平台石油大火，以及倾泻到海洋中的各种垃圾等，已经使大海受到严重污染。目前，全世界每年仅废水就有4 500亿吨经江河流入海洋，其中的危险物以每年5亿吨的速度增加。大海在颤抖，在叹息，在迷惘。

下图列出了污染物进入海洋的三种主要途径。

海洋污染主要可分为油类污染、重金属污染、放射性污染、热污染、富营养化污染（赤潮）和公海倾废。海洋环境污染具有三大特点。其一，污染物来源广、种类多，凡是陆地上有的污染物质，在海洋几乎都可找到；其二，持续时间长，潜在危害大；其三，流动性强，扩散范围大，例如在北冰洋和南极海域捕获的鲸鱼中分别检出了0.2×10^{-6}和0.5×10^{-6}多氯联苯（PCB）。

目前海洋污染最严重的是波罗地海、地中海、亚速海、日本濑户内海、东京湾、纽约湾、墨西哥湾等。在上述海域里，海洋生物大量减少，鱼、贝类濒于绝迹，有的海域已变成没有生命的“死海”。

海洋污染最严重的国家是日本。日本是一个岛国，海岸曲折多港湾，沿岸海域与太平洋水流交换不良，故易受到污染。据估计，含有各种化学毒物的工业废水约130亿吨排放海中，使几乎所有近海海域，如东京湾、伊势湾、濑户内海、洞海湾等都遭受严重污染。沿岸海域的透明度显著下降。海水呈赤褐色甚至墨色。全国几乎全被污水包围而成为世界上海洋污染最严重的“公害列岛”。一个时期，日本沿岸海域鱼虾类濒于绝迹。另一方面具有油臭味

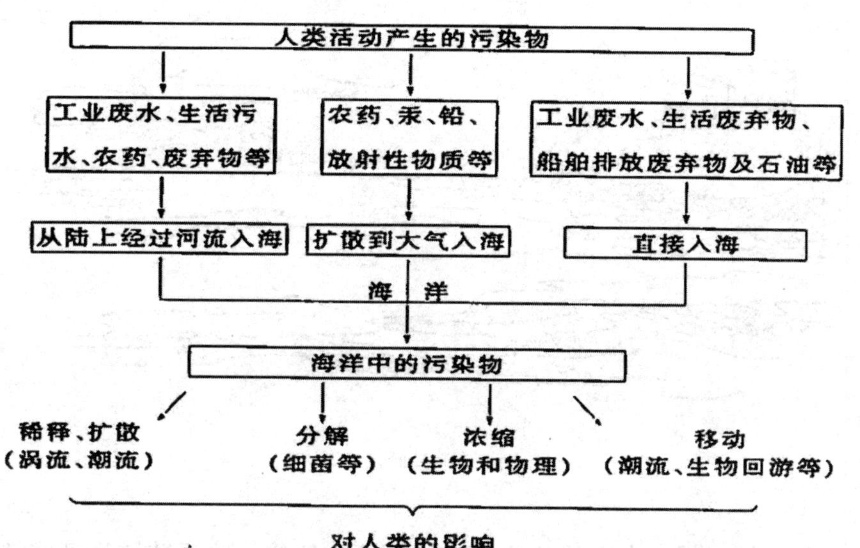

污染物入海的主要途径

的鱼、绿色牡蛎（被铜严重污染的）、有烂斑的海带却大量出现，因食用被污染的海产品而得病的人越来越多，水俣病已举世皆知。濑户内海是日本最大的内海，曾以山青水秀而著名，现在由于污染而变成巨大的脏水坑。经过一系列治理，日本地表水质量已明显改善，但海洋水质的改善则非常缓慢。

美国的海洋排放的各类污染物约占全世界的20%。由于近海海域严重污染，沿岸89%面积的海滩的贝类不能食用。虽然美国政府被迫宣布十几种鱼因汞污染不能食用，但目前美国仍有1/3的人口面临着汞中毒的危险。

波罗地海由于受重金属和农药等有毒物质的严重污染，鱼体内汞含量高达10^{-6}。鱼和海豹等体内二氯二苯基三氯乙烷（DDT）和多氯联苯（PCB）的含量都很高。来自含磷洗涤剂及化肥中的磷，

海洋不是倾污地

已使海域表层水中磷酸盐含量大大超标，这使一些浮游植物迅速繁殖，发生赤潮和黑潮，以至深层水溶解氧含量大为减少，并出现了无氧区和产生硫化氢气体区。波罗地海的大部分海底被含有硫化氢的海水所覆盖，将变成没有生命的“海洋荒漠”。

污染物富集——长期积累和金字塔效应

20世纪50年代初期，日本熊本县水俣镇随着化工、渔业的发展而繁荣起来。可是这个风景秀丽的滨海小镇，却发生了震惊世界的污染事件。水俣，这个像噩梦一样的名字，也深深地映入了人们的头脑中。

让我给青少年朋友们讲一讲这个悲惨的故事吧。

首先，人们发现在水俣湾的海域中发生了异常变化，鱼类飘浮在海面上，鸟儿在飞翔中掉到海里，贝类腐烂，海藻枯死。然后，猫儿发疯痉挛，犹如醉酒，步态蹒跚，流涎兜圈，最后高声尖叫，跳海自杀，不到几年时间，水俣地区连猫的踪影都见不到了。正当人们不明所以、深自为怪时，1956年初，出现了与猫症状相似的病人。这种不明之病的爆发，引起了全日本的震动与不安。

人和猫的这种“自杀”之谜的谜底究竟在哪里？医学家进行了深入的研究，到1959年才证明此病非传染病，而是人或猫吃了水俣湾含汞的鱼和贝类引起的。猫之所以发病早，是与猫的天性——爱吃鱼类密切相关的。原来在水俣镇上有一家工厂，1949年开始生产氯乙烯和醋酸乙烯，为了降低生产成本，采用水银催化剂等工艺，其生产废水排入海湾后经过某些生物的转化、富集而形成甲基汞，这就是水俣病产生的原因。

那么，人并没有直接接触到汞，也没有饮用含汞的废水，汞又是如何进入人体并积累以至发病呢？这就涉及到了污染物在人体内的富集，这种富集的方式，包括有长期积累和金字塔效应。

污染分为急性污染和慢性污染。急性污染是指在污染发生后立即发病，甚至死亡。例如印度博帕尔农药厂泄漏事件，就是一个明显的例子。慢性污染则是指污染物在人体内逐渐积累，到一定程度之后才表现出来。由于慢性污染持续时间长且更不易被人们发觉，所以它对人类的危害更大，影响范围也更广泛，一旦出现中毒症状，病症往往已经非常严重，难于医治，所以死亡率也就更高。我国古典小说“水浒”中梁山好汉宋江，被皇帝赐给的毒酒（一种慢性发作的毒药，饮入一定量后毒发身亡）害死，就是一种慢性中毒的例子。慢性污染包括一个污染物在人体中富集的过程，这一过程则包含污染物在人体的长期积累和金字塔效应。

古代罗马曾经是一个显赫一时的强大帝国，罗马的统治者对内奴役人民，对外开疆掠土，维持着血腥残暴的统治。但后来它却一下子土崩瓦解，迅速消亡。有关古罗马帝国灭亡的原因，人们一直争论不休，有人认为是由于斯巴达克等轰轰烈烈的农民起义，有人认为是罗马统治者内部的分裂，有人认为是外族的入侵。最近，有人研究了古罗马许多城市的供水设备，发现所有水管都是用含铅金属制成的，而罗马时代的人也经常用含铅容器盛食品和酒，当时的人们认为铅是无毒无害的，但是，他们错了。错在天真，错在无知。实际上，铅能影响红血球的发育和成熟。铅中毒往往引起贫血、肾

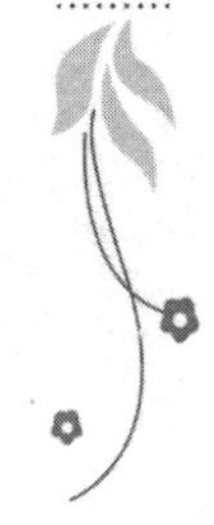

炎，破坏中枢神经系统和影响骨骼等。但是，铅中毒的过程是一个逐渐积累、慢性中毒的过程，一般从开始摄入到发现明显病症，需要几十年时间，所以人们忽视了它的危害。因此，古罗马帝国的灭亡与大规模的铅中毒有密切关系。古罗马统治者如果泉下有知，一定会深自叹息。

现代医学研究表明，癌症、呼吸道疾病、尘肺、重金属中毒症等都与环境污染有关，这些疾病的发生在很大程度上是由于长期积累某种污染物所造成的。例如肺癌的发生通常与大气污染有关，长期吸入含有苯并（a）芘或石棉等有害物质，可以诱发肺癌，这一过程可以是十几年，但更多的则是几十年。

自然界中存在着许许多多的食物链，人吃大鱼、大鱼吃小鱼、小鱼吃虾米、虾米吃“河泥”就是这种食物链的生动描述。在食物链中，污染物常常会高度富集，显现出一种金字塔效应，人作为金字塔的尖顶，常常是最大受害者。

前面所说的水俣病是距水俣镇60千米的工厂排放含汞废水所致。工厂的废水排入河道后，其中的汞即为硅藻等浮游生物吸收，硅藻是飞蛄等小昆虫的食物，于是汞便随硅藻进入小昆虫体内富集起来。这些小昆虫随河流流出60千米到达河口，在此过程中，小昆虫死亡沉入河底，成为石斑鱼等底层鱼的饵料，于是汞又在石斑鱼的体内再次富集。鳗鱼、鲶鱼等食肉鱼类又以石斑鱼为食，鲶鱼体内的含汞量可高达 $10\times10^{-6}\sim20\times10^{-6}$，已比原来污染废水中汞的浓度高出几万倍乃至几十万倍。最后人们食用这些鱼后，又导致汞在体内大量积累，引起中枢神经破坏等病状。甲基汞在人体中的积累量达1克便属致死水平，100毫克为致病水平。按此推算，人们只要食用污染鲶鱼10千克就会中毒，食用100千克就会死亡。这对于

爱食鱼类的日本人来说，真是一个莫大的悲哀。

类似这种金字塔效应的污染物高度富集，在人们的生活中并不少见：用污染的水灌溉土地，土地中就含有许多污染物，种出的粮食和秸秆就富集了一定的污染物，用这些东西喂猪、喂鸡，污染物又进一步富集在家畜、家禽体内。最后人食用猪肉、鸡肉，造成污染物在人体中长期积累致使人体受害。

要想避免污染物的长期积累并摧毁“金字塔”，就要从根本上杜绝污染。同时，了解到某些污染物的危害，就要有意识地减少“接触”，尽量降低污染物在人体的蓄积水平，这样能在一定程度免受污染物的影响和危害。

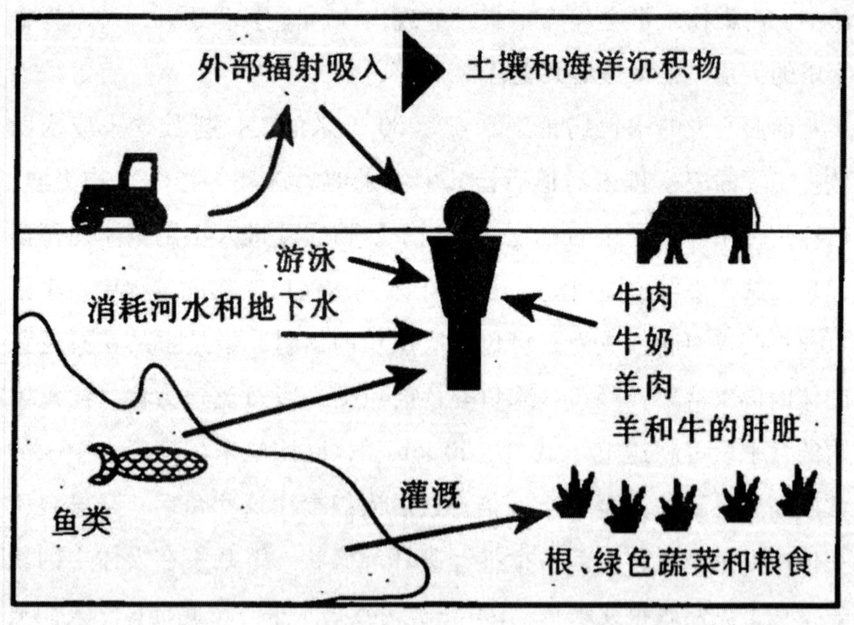

金字塔效应

污染的土地还能种粮食吗

土壤污染是指人类活动产生的污染物进入土壤并积累到一定程度，引起土壤质量恶化的现象。由于工业和生活污水、固体废弃物、农药和化肥、牲畜排泄物、生物残体以及大气污染物等进入土壤，使土壤遭受污染。

土壤是一个多功能的动态平衡体系，它对自然界环境条件的变化和冲击有一定的缓冲能力。少量的污染物并不足以引起土壤明显的污染。从古至今，人类总是把土壤当作处置废物的“垃圾场”，将大量的废物排泄和堆放到土壤中。这不仅是由于方便，还因为土壤是一个强有力的“活过滤器”，对污染物起着吸附、分解、降解等转化自净作用。

污染的土地还能种粮食吗？这是一分为二的。在我国，为解决农业水源和肥源问题，曾进行过污水灌溉。应当承认，污水灌溉使许多乡村在肥料短缺的情况下，农业得到了一定的发展。例如，西安市有个丰惠灌区，引污灌溉，每 0.067 公顷地浇灌污水 40 吨，相当予施硫酸铵约 45 千克，满足了夏、秋两季作物的生长需要，灌区粮食普遍高产。污水灌溉使昔日渭河滩 233.3 公顷盐碱地变成了稻、麦两熟的丰产良田。

但是，在更多的情况下，排入土壤的污染物中常含有有毒有害物质，当这些污染物超过土壤自净能力后，就会使土壤的理化性质发生变化，肥力降低，导致农作物生长发育减退和质量变化，特别是使农作物中含有一定的污染物质，人畜食用后会对健康造成影响。因此，在大多数情况下，受到严重污染的土地不宜于再种粮食。实际上，有些这样的土地也根本种不出粮食来。

土壤污染造成农作物受害和人体健康损害的例子俯拾皆是。1955 年以来，日本神奈川流域不断发生一种怪病——痛痛病。得此病的人，严重时不能行动，以至于正常呼吸都带来难以忍受的痛苦，最后出现骨骼软化萎缩，自然骨折，无法饮食而疼痛死去。经解剖，有的病人骨折达 73 处之多，身长缩短 30 厘米，病态十分凄惨。这

污染的土地还能种粮食吗

就是震惊世界的富山痛痛病事件。后来查明此病是含镉工业废水侵害农田而造成的。我国四川会理、广西阳朔的锌矿含镉废水污染水体、农田，也已对当地人民身体健康产生一定的危害。伊拉克于1956年、1960年和1972年，先后三次因农民吃了被有机汞农药污染的面粉制成的面包，而造成集体中毒事件。仅1972年一次中毒，入院病人达6 530人，其中死亡459人。我国青海省乐都县，在1975年以前拥有广阔的草场、大群的牛羊，如今一个工厂的氟污染，已使这一带山黑草枯、牛羊难寻。四川省什邡县禾丰镇小型化工厂的污水中含有大量的水合肼、硫氰化物等污染物，凡利用污水灌田的，秧苗根系腐烂，稻叶呈白色，稻子大量减产，一些农田甚至颗粒无收。这一污染10余年前就发生了，但长期未得到有效的制止。四川宜宾地区，盲目发展小硫磺厂，破坏山林表土，后患无穷，多年来寸草不生，乃至掘地三尺而无蝼蚁。

酸雨也能造成土壤恶化。长期降酸雨，会使土壤逐渐酸化，酸化到一定程度后，土壤中的有害金属离子，如铝离子会被释放出来，毒害植物的根系，造成植物的生长障碍甚至死亡。如瑞典大片的土地因酸化而不能耕种，每年由于酸雨造成的木材损失达459万立方米。德国近10年来已有10%左右的森林受害，积材量减少一半。估计在东欧一带已有100万公顷森林几乎全部死亡。据我国四川、贵州、广东、广西四省区的调查，酸雨造成的森林危害和农作物减产将带来十几亿元的经济损失。

“土之不存，人将焉附”！人类生产生活活动的基础是土壤，因而对于土壤污染，人类决不能掉以轻心，听之任之。由于土壤的破坏是积累性的，到一定时期就会发生质变而遭到破坏，要想恢复则需花很大的代价。因此，要以预防为主。

土壤污染中最使人伤脑筋的恐怕还要算重金属污染，重金属的生物毒性往往很大，如土壤中镉的含量不能超过 0.1×10^{-6}，更重要的是因为它们不可能像有机物那样通过微生物的作用得到降解，有的只是价态和存在形态的变化，且这种变化往往是可逆的。据测定，各种渠道的污水中铬的80%最终都残留累积在土壤表层中。研究土壤中各种化学平衡作用对重金属的影响也只能采取相应措施做到尽量不使作物吸收土壤中的重金属。但重金属离子仍然留在土壤中，最终还是要参加生物圈的大循环。所以，最根本的办法还是不向土壤排放重金属。

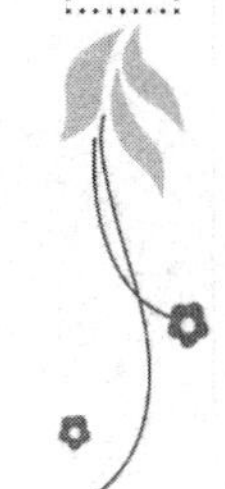

被垃圾包围的城市

“我家旁边有条河，河的旁边有座山，但是河里没有鱼，山上不长草。因为河是臭水河，山是垃圾山。”这是一位天真无邪的小学生作文中的一段话。可以想象堆积如山、臭气四散的垃圾给这位小学生幼小纯洁的心灵留下了何种难以抹杀的记忆。

所谓垃圾，是人类在生产和生活活动中丢弃的固体废弃物，它包括固体和泥状的物质。目前，固体废弃物，特别是有害废弃物，已成为继废气、废水之后出现的又一严重的世界性环境污染。废弃物按其来源不同，可分为工业废弃物（采矿废渣、冶炼废渣、燃料残渣、化工废渣、放射性废渣等）、农业废弃物和城市生活废弃物（城市垃圾）等。此外还有建筑工程、污水处理等排出的固体废弃物。

目前，全球每年生产、废弃的垃圾数量，虽然很难进行准确的核算，但据有关部门粗略估计，至少在100亿吨以上。世界各国垃圾产量的多少，因人口数量、生产和科技水平、生活水平而差异甚大，发达国家每人每年产垃圾3.5吨，发展中国家则为1.3吨。美国的工业生产能力和生活水平为世界之首，其废弃物之多也是世界第一。每年有500亿个罐头盒、300亿个玻璃瓶、1 000多万辆废汽车排放于环境中，成为难以解决的公害。尽管美国采取了很多技术措施对多达2亿吨的生活垃圾进行处理，但90%以上仍需运到垃圾坑填埋。索有“弹丸之地”之称的香港，每天仅废塑料就要倒掉1 000多吨。1990年2月16日，巴黎报纸就曾报道：因垃圾过剩，西柏林进入了“紧急状态”。目前，全球有成千上万的城市处在垃圾的包围之中，城市垃圾倾倒场由小到大，由近及远。在城市周围，一个个垃圾坑被填满，有的正在逐渐隆起，开始构筑垃圾长城。

我国年产垃圾近20亿吨，有一部分在农田培肥、作物增产方面发挥了作用。然而，每年进入环境并产生污染的垃圾，仍多达10亿吨。其中工业垃圾近8亿吨，城市生活垃圾2亿余吨。在全国400多个城市中。至少有2/3的城市处于垃圾包围之中。北京三、四环路之间，50立方米以上的垃圾山就有4 500多座，占地超过467公顷。举世闻名的北京亚运村，就是在垃圾场上建造起来的。我国哈尔滨每天运走的垃圾为2 700～3 000吨，逢年过节可达6 000吨，而且近年来以高于10%的速度增长。目前我国不仅有90%以上的粪便、垃圾未经无害化处理，而且医院、传染病院的粪便、垃圾也混入普通粪便、垃圾之中，这就更容易广泛地传播各种传染病。

可以说，世界各地到处都有毒品废料，整个地球似乎到处都是垃圾。垃圾不仅数量庞大，而且成分复杂。生活垃圾中的病毒、寄生虫和其他有害物质，工业废物中的重金属化合物和有毒化学品，都是土壤、大气和水体污染的重要来源。

固体废物在没有利用之前纯属废物，对环境的污染是相当严重的。1942年，美国一家农药厂购买了一条大约1 000米长的被废弃了的运河——拉伍运河，用来倾倒生产的废物。在长达16年的时间内，共倒入氯化物、硫化物等废弃物约2万吨。1953年，工厂把运河覆盖好之后，赠送给一个教育机构。在此之后的25年内，这里建起了1 200栋房屋和一所学校。在20世纪70年代后期，这里的地面流出一种黑色污液，经过纽约州政府和环境部门的检查，发现其中含有氯仿、三氯苯酚、溴二甲烷等多种有毒物质，这激起了当地居民的极大愤慨，成了20世纪70年代震惊世界的一起公害事件——拉伍运河事件。胡克化学公司和市政府为赔偿受害居民的经济和健康损失，花掉30多亿美元。

废弃物造成的水体污染也是非常严重的。如美国20世纪70年代末将15%的污泥等废弃物投弃到海洋中，造成海洋污染。我国由于向水体投放污染物，使得水污染状况加剧，并使江湖面积在80年代比50年代减少133多万公顷。美国德克萨斯州一个废物公司的沙坑，由于废酸和含油废物的污染，周围26口水井水质变坏，发出恶臭，饮用后引起恶心、喉痛和头痛等病症。此外，垃圾还会占用大量土地。一般来说，堆存1万吨废物就要占地666.7平方米，而受污染的土地面积往往比堆存占地大1~2倍，据统计，被垃圾占用的土地，美国为200万公顷，原苏联为100万公顷。我国仅废渣、煤矸石、尾矿堆积量就达54亿吨，占地4万多公顷。于是出现了垃圾与工农业生产争土夺地的现象。

有一句有趣的歇后语：一百多斤面做一个大寿桃——废物点心。那么，每年100多亿吨垃圾这个“超级大寿桃”，人类又何以生消？看来，减轻这一“寿桃”的重量，削去它的体积，是人们应当努力解决的重要问题。

尽管固体废弃物对人类的生存发展构成相当大的危害，但如果人们能够对其正确处理，合理利用，就可以化害为利、变废为宝。从一定意义上讲，废弃物可以成为有益于人类的一种资源，它只是

给地球做个大扫除吧

一种“放错地点的原料”。

许多废弃物可以用作生产建筑材料并回收金属和化工原料，同时还可以利用废弃物发电供热，一些生活垃圾还用于农业改良土壤、增加土壤肥力。

在废弃物综合利用方面，日本走在了世界各国的前列。日本将大量的建筑垃圾用于填海造地，拓宽了国土面积。1994 年竣工的关西国际机场，就是填海造陆的典型范例。日本城市中 90% 以上的生活垃圾都经过分拣，一些可以燃烧的垃圾被送入大量的垃圾焚烧炉中焚烧，以此发电或供热。这一方面消除了垃圾污染，又提供了数量可观的能源，真是一举两得。

我们坚信，在人类的共同努力之下，垃圾能更有效地得到利用，城市也必将从垃圾的包围中走出来。

看不见的杀手——噪声、电磁波、放射性

冷面杀手——噪声

世界上有各种武器，然而声学武器或许鲜为人知。实验表明，将一只豚鼠放到173分贝的强声环境中。几分钟之后它就死了，打开它的肚子，可以看到肺和部分内脏有出血现象。中世纪有一种刑罚叫“钟下刑”，也就是利用钟声刺激受刑者，使之逐渐死亡。因此可见声学武器的厉害。

在声音世界里有许多声音是我们不需要的，有些是使人厌烦并妨碍人类正常生活和生产秩序的，这就是噪声。噪声污染是一种物理污染，它与有害有毒物质引起污染不同，看不见摸不着，但它是一种感觉公害。目前世界各国都很重视噪声问题，把噪声列为重要公害之一。日本甚至把噪声列为公害之首。

噪声多来自于工业活动、建筑业、汽车飞机等交通工具以及部分生活活动，比如开大喇叭听音乐，夜晚高声喧哗等。噪声对人的

危害是不难体会的，人们在吵闹的环境中总显得烦躁、疲劳、反应迟钝，容易出差错、事故就是明显的例证。噪声对听力的损伤更是直接的，俗话说“十铆九聋”，它可使人形成噪声性耳聋。噪声还可以损伤视觉。当人们受到高强度噪声作用后，眼睛对运动物体的对称平衡反应失灵，此时会感到眼痛、视力减退。此外，噪声还会引起血压升高、心动过速、心律不齐、消化功能减退、溃疡病以及头痛、眩晕、多梦、失眠、神经过敏乃至神经失常等症状，它对人体危害真可谓是“全方位”的。

鉴于噪声的上述危害，防治噪声就成了一个不可忽视的问题。这要求喧闹的城市和地区必须控制噪声源，如对某些噪声源改进工艺、密闭声源、安装消音装置等；加强绿化，阻断噪声源向受害者的传播途径也是防治噪声的有效方法。

但愿全社会都重视噪声控制，驱除这个冷面杀手，使人们免受“钟下刑”之苦。

魔幻杀手——电磁波

随着广播、电视及微波技术事业的发展与普及，射频设备的功率成倍提高，地面上的电磁波辐射大幅度增加。高强度的电磁波辐射已经达到直接威胁人身健康的程度，随着危害和影响的逐渐扩大，已越来越受到人们的关注。

电磁辐射对人体健康的影响机制目前尚未十分清楚。但对微波工作人员的调查表明，他们中患白内障的人较多，有些人患不孕症，还有不少人出现头晕、睡眠不良等神经性症状。

动物试验表明，电磁辐射对生物体的影响主要是加热，使机体

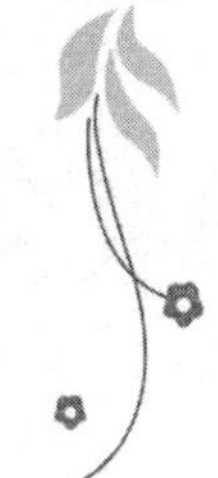

组织烧伤。由于它的主要效应是使机体组织加热，所以它对血液流通较差的组织伤害较大，原因是这些组织受热后不易通过血液把热带走。例如睾丸和眼睛晶状体就是这类组织，睾丸被加热到温度上升10～20℃时，就会影响精子发育；眼睛的晶状体受热过多，将引发白内障。还有一种理论认为电磁波可引起人体细胞膜的共振并造成不良影响；同时电磁波可以干扰人体的生物电，尤其会对脑电和心电产生干扰，从而影响脑的正常功能和心脏活动。

怎样防治电磁波污染呢？首先要通过合理布局和规划，把电台和微波站建设在人口稀少的地区，2 000米之内最好无人居住。对于有关工作人员，应该采用特制的防护衣和防护眼镜来进行职业保护。如果不可避免，那就只好采用屏蔽的方法来减轻危害。屏蔽主要是通过金属网接地来实现，一般的钢筋水泥结构也可达到一定的屏蔽作用。

电磁波给人类生活带来梦幻，但它同时也是一个魔幻杀手，人类要尽可能地避免这一杀手的侵害。

超级杀手——放射性

提起放射性，大家也许都不陌生。第二次世界大战中美国向日本广岛和长崎投放了两颗原子弹，当场炸死了约15万人，而后的放射性污染又夺去了成千上万人的性命。

在和平时期，放射性污染也是不可忽视的。人类活动排出的放射性污染物，使环境的放射水平高于天然本底或超过国家规定的标准，即为放射性污染。放射性物质主要来源于核工业、核电站和核试验。放射性污染有影响范围广、持续时间长、危害性大和难以预料等特点。

提起比基尼岛，别以为只是身着比基尼泳装女郎游泳的乐园。其实，它是太平洋马绍尔群岛中的一座被核弹严重污染的鬼城。第二次世界大战刚结束不久，美国军方就把比基尼岛选为核试验的基地。历次的核试验，给该地区及其附近造成了严重灾难。在12年中，岛上共进行了23次核试验，使比基尼岛受到严重“内伤”。土壤中含有大量的放射性物质铯-137，地下水也受到严重污染。1968年美国总统曾宣布比基尼岛的安全无问题，于是1971年部分比基尼岛居民回岛定居，但到1975年，人们被发现摄取了过量的放射性物质而不得不再度撤离。比基尼岛成为美国核试验的真正牺牲品。

核电站泄漏事件也时常震撼着人们的心扉。除了举世闻名的切尔诺贝利核电站事故外。英国的塞拉菲尔德核电站、美国布朗斯菲

看不见的杀手

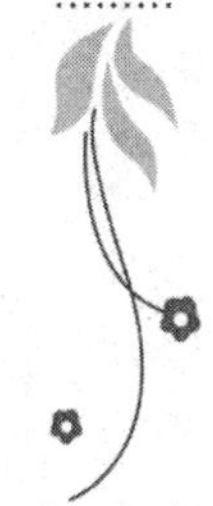

尔德核电站和美国三里岛核电站都曾发生过重大事故，造成了人员的伤亡和财产的巨大损失。

放射性固体废弃物也是非常棘手的问题。一些西方国家为节约开支，把大量放射性固体废弃物输送到其他国家，成为给穷国的“礼品”。曾有报道称，差不多每天都有德国的船只载着有毒的垃圾从德国港口驶向第三世界国家，这是非常不道德的。

放射性废弃物的处理的确是令人头痛的，成为挥之不去的问题。一般说来有陆地和海洋处理两种方法，但都需要大量的精力和资金。可是，为了抑制放射性污染这一超级杀手，人们必须认真对待并妥善处理这一问题，否则将遗害无穷。

现代化城市的光污染

灿灿灯光扰清眠

电灯的发明是人类文明发展的重要里程碑，如果没有电灯，无法想象现代人类将如何生活。但是，灯光也给许多人带来不便。

人体是由生物钟来调节的，白天工作学习。晚上休息睡眠，这似乎已经成了千古“定律”。与光明一样，黑暗对人们来说也是必不可少的。没有了黑暗，人体的生物钟将发生紊乱，睡眠也成了问题，这势必将引起一系列不良影响。

美国一些科学家曾建议发射几个人造“小月亮”，在这些“小月亮”上装上反光板和强反光材料。让这些“小月亮”停留在北半球上空，反射太阳光，使暗夜变得如同白昼。这一建议固然有可取之处，但那时，北半球的许多地方将会黑夜不再来，这样一来，人体的生物钟将会发生极大的紊乱，生活方式也会发生重大变化。因此，这一方案是否可行，还需要科学家们进行更加认真严肃的讨论。

现代化城市，灯光泛滥成灾。入夜，霓虹灯光怪陆离，汽车灯闪烁不定，照明灯彻夜长明。于是乎，一些人们原本不需要的灯光就洒漏进了人们的居室，弄得人目晕眩、心神不定、彻夜难眠。受害最大的是天文台，由于许多天文台都建在大城市，在各种灯光的污染下天文望远镜都变成了“近视”“瞎子”。如一台天文望远镜能够观测到几百万光年外的天体，但一个30千米以外的霓虹灯光的闪烁之光就足以干扰其精度。

那么，如何不让多余的光进入居家呢？除了在居室挂上厚厚的深色窗帘，还应当从根本上杜绝多余的光线。为此，所有照明灯应加灯罩，使灯光不向四处散射；进入居住区，汽车应少用大灯；霓虹灯等不应设在居住区。只有这样，才能减少灯光泛滥对人们生活的影响。

长期在电灯下学习和工作，往往因亮度过大或不足，引起眼睛疲劳，出现头昏眼花、视力下降等症状。如果长期在未加遮挡的荧光灯下工作，可使室内工作人员每周紫外线的摄入量增加5%，这意味着患黑痣病的机会将增加四倍，患皮肤癌的可能性增加两倍。

科学家还发现越到隆冬灯光照射时间越长，部分居民特别是老人摄入钙的能力会严重减弱。有人还发现非自然光可能已经改变了数以千万计妇女的生活，这些妇女比她们的祖辈早一年甚至几年达到性成熟，生活在白雪皑皑的北国女子，性成熟的时间已经和终年赤日炎炎的热带国家女子相近。人们怀疑，灯光照射是导致女子性早热的主要原因。

预防灯光污染的根本办法是少用荧光灯，最好是荧光灯和白炽灯混合使用。看书写字要用20瓦左右的台灯，工作学习时每小时应休息几分钟，持续时间不超过3小时。

耀目冷光藏杀机

正当人们对空气、水、垃圾、噪声等污染而深恶痛绝、群起而声讨时，另一种污染却披着“狼外婆”的豪华外衣，堂而皇之地走上街头，进入居室，悄悄地危害人们的身心健康。这就是现代建筑装修的白色涂料和玻璃在阳光下所产生的反射污染——白色冷光。

随着城市现代化建设的飞速发展，冷光污染也就应运而生了，而且队伍在不断扩大。那林立的高楼、时髦的装璜，无不显示出豪华的气派和现代的风格。那玛赛克墙面、磁砖装饰、铝合金钢门窗、镜面玻璃、不锈钢外装修、白色粉刷面……以各自不同的光亮程度示出高贵显耀的身份。它们相互媲美，尤其在阳光的照射下。更显得格外耀眼、闪亮。孰不知，正是这种光亮反射出的光和热毫不客气地刺痛了你的双眼，影响你的情绪，伤害你的身体，叫你无处躲藏、无所适从。久而久之，轻者会头昏眼花、口干舌噪、腿软心慌、胸闷气憋；重者可导致冠心病、脑血栓、精神分裂症等，甚至丧失性命。尤其是对于汽车司机，常常被不知何处反射而来的亮光晃得双目难睁，造成车毁人亡的恶性事故。

现代化城市中，冷光像一个无形的杀手紧紧追随人们，它无声无息地狞笑着，随时将人们置于死地。但是，目前人们还不太重视冷光的危害。

冷光为何有如此之大的“威力”？经科学测试，白色粉刷面的反射系数 P 为 69% ~80%，特别光洁的白色粉刷面可达 92%；镜面玻璃的反射系数 P 是 82% ~88%，约比草地、森林、深色或毛面砖石外装修建筑物反射系数大 10 倍左右，也就是说，前者反射给人的光

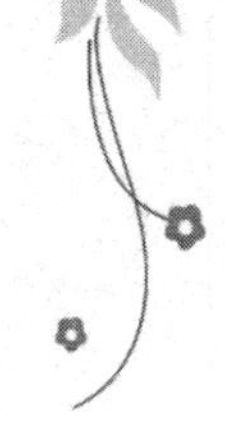

和热比后者大10倍。这个值已大大超过了人的生理适应范围，所以它成了污染，直接危害人们的健康和生命。

当人们无法避开冷光的追踪，无法抵御它的淫威时，绿色屏障却可以绊住它的双脚、牵住它的鼻子。在浓荫的树林、碧绿的草地面前，冷光只有垂头丧气，无能为力。绿色，可以吸收大量的光和热，成了冷光的最大克星。因此，在建设现代化城市的同时，绿化工作也必须同时跟上。对于高层和超高层建筑物，城市设计师们也要物下留情，用不反光或反光系数小的建筑外装修材料，以减少冷光的发生。

五色迷彩眩双目

彩色电视机五色斑斓，给人们的生活带来色彩。但长时间看彩色电视将给人们带来许多意想不到的影响。

长时间看彩电将对人的视力产生影响。西方一些国家冬季流行一种干眼病，出现眼痛、眼内干燥不适、有异物感等症状，其原因就是与看电视有关。看电视时，人们目光集中，长时间注视屏幕，很少眨眼，特别是儿童在玩电子游戏时，几乎达到忘我的境界，两次眨眼的间期比正常时间长3～5倍。如果在冬季环境干燥的情况下，必然会破坏滋润眼球的罩衣——泪膜的形成，导致干眼病的发生。如果连续4小时收看电视，人的视力会暂时下降30%。长此以往，视力受损自不待言。

老式彩电还能放出一定量的X射线，长时间看电视会对人体细胞及染色体造成危害，特别是会对孕妇和胎儿造成影响，造成流产和胎儿受损。

现代化城市的光污染

由于老式电视机附近产生大量的静电荷，使空气中的微生物和变态粒子粘附在人们的脸上，长出难看的黑色斑疹，称为“电视斑疹”。

长时间看彩电，还会损耗大量的维生素 A，引起眼疲劳、尾骨痛、头痛、腹胀、消化不良、神经紧张和身体疲乏等。

为预防彩电的危害，除了要有节制地控制看电视的时间外，还应注意使电视屏幕亮度适中，人与电视距离最好在 2 米以外，同时还应多吃些含维生素 A 的食物。儿童看电视每晚不可超过 1.5 个小时。

现代城市的新公害——高楼平地起贼风

一天，美国纽约市忽刮狂风，银行职员施皮尔格小姐刚走出曼哈顿的高楼，一阵贼风袭来，吹得她撞到一根水泥柱上，顿时血流如注，伤了面额，她愤而控告大楼的建筑师。这桩涉及650万美元的案子，得到了一批“气流工程师”的支持，法院受理了这起不同寻常的诉讼。

当人们漫步于现代化城市街头，在高层建筑附近，常会遇到一种奇怪的风，它随着楼群的高低布局不同，忽强忽弱，忽上忽下，方向不定，就像贼一样，令人难以捉摸。这种造成施皮尔格小姐等多人受伤的与高层建筑有关的风就叫“高楼风”。

高楼风变化莫测，形同鬼魅，大致可分为六种，人们较为熟悉的穿堂风就是其中之一。

世界的人口在急剧增长，城市规模日益扩大，“万丈高楼平地起，鳞次栉比群争辉”，高楼风这种现代城市的新公害也随之而来。它不仅影响着人们的生活环境和居住环境，而且在自然灾害的形成过程中，扮演着极不光彩的角色，特别是遇上地震、台风、火灾时，它往往助纣为虐，给人民生命和财产造成更大的损失。

法国巴黎是一座高楼林立、车水马龙的城市。入夜，凉风习习，忽然一座几十层的高楼起火，火势迅速蔓延，消防车立刻赶到，可火势仍控制不了，且很快殃及另几座高楼。这是因为有一股奇怪的风，不断地变换方向，忽上忽下，行踪不定，喷射出去的水不仅被吹洒回落，而且风裹扶着火势改变方向，愈演愈烈，令消防队束手无策，本来可以迅速扑灭的大火，燃烧了近一夜，造成的损失极为惨重。

高楼风的形成与风源环境、楼群布局密切相关。所以，在现代化城市的整体规划中，高层建筑群的合理布局就显得十分重要。人们呼吁，必须把高楼风这一新的城市公害作为土石方建设中的一个重要因素予以考虑，这一点在国外已引起城市建设部门的关注。如美国的许多城市干脆规定，凡建造高层建筑，事先都要进行风洞实验，以免受高楼风的袭击，出现更多的施皮尔格小姐式的案件。

除了楼群布局之外，另一个对高楼风形成有直接关系的是高楼大厦中那些令人心悸的进气、排气口和通风管道所产生的热气流和冷气流，因为这些气流常常汇成一股股巨大的气流风源，无时不在影响高楼风的形成、发展和变化。一些抽、排气口设计不合理，轻则吹落路人的帽子、眼镜，重则吹得路入行走困难，跌跤撞柱。因此，在设计高楼进、排气口和通风管道时，一定要布局合理，以减少气流对高楼风形成的促进作用。

高楼风之所以变化莫测，是因为探明它的一般规律非常困难，现在唯一行之有效的办法是通过模型实验来测试，但目前这一研究在我国尚处于起步阶段。实际上，我国大中城市中的高层建筑在建起之后将引起多大的风还不得而知，由此引起的一系列连锁反应的情况也不得而知，在这个问题上，我们就像“盲人骑瞎马”一样，面临着巨大的危险隐患。

我国的城市建设还在为达到“小康”生活水平而努力，21 世纪的城市建筑，必将更趋于高层化，以满足人们必需的工作和居住要求。因此，在这个问题上，一定要引起特别的重视。值得一提的是虽然我国在高楼风害这一全新的环境公害问题上的研究才刚刚起步，但是在首都北京拔地而起的亚运村的建筑中，已经注意到了这些问题，随着今后经验的积累，高楼风这一“贼龙”势必为人们所驯服。

高楼平地起贼风

不可忽视的室内污染

“室内”包括居室、办公室、医院、旅馆、浴室、理发店、候车室（飞机、火车、汽车、电车、地铁）以及影剧院、音乐厅、歌舞厅、健身房、室内游泳池、比赛厅、体育馆等室内文化娱乐、体育活动的公共场所。有人测算出一个人一生有四分之三以上的时间是在室内度过的，这包括工作、娱乐和睡眠等。既然人的一生大部分时间都在室内，那么室内的环境就与人的健康和幸福有极为密切的关系。室内污染。将在最大程度上直接危害人类的健康和生活，因而是绝对不能忽视的。在人们花费大量精力治理大环境的污染时，也必须了解自己工作和生活的“小环境”，否则就如同丢了西瓜拣芝麻。

室内空气污染及其防止

由于室内燃烧、吸烟、建筑材料等向室内空气排放出一定数量的污染物，加之室内空气容量小，与外界大气的交换不畅，使住宅、办公室、商店、饭馆等建筑物的空气所含的污染物浓度增高，造成室内空气污染。室内空气中的主要污染物包括：总悬浮颗粒物、二氧化硫、氮氧化物、一氧化碳、碳氢化合物等。几乎所有自然界存在的空气污染物都能在室内找到。

燃煤取暖和厨房中燃料造成的污染对人体可造成多种伤害，如造成急性中毒（煤气中毒）等，还可能引起慢性中毒。研究表明。我国目前使用的灶具的燃烧温度大都属于产生苯并（a）芘较多的温度范围。云南省宣威地区农民肺癌死亡率居全国之首，达10万分之21，其主要原因就是厨房燃煤所造成的室内空气污染。广州市肺癌研究中心研究报道，厨房燃煤污染与肺癌和肺癌死亡率具有较大的相关系数（0.97）。饭馆和食堂大师傅患肺癌的比例要比正常人高出几倍。

要想防止室内空气污染，就必须先找到污染的根源并积极采取防护措施。同时，加强室内的通风，增加室内空气的流动，不使污染的空气长久地停留在室内，也是一条有效的办法。

谨防气体燃料的危害

与煤炭相比，天然气、煤气、液化气是相对“清洁”的燃料，但是使用不当也会对人造成危害。由于气体燃料的炉具没有烟囱，如果厨房门窗紧闭、通风条件差，那将使大量废气滞溜在室内，造成污染，甚至使废气的浓度比烧煤还要高。同时，燃烧时需消耗大量氧气，也能造成居室内氧气严重不足。

气体燃料燃烧后，对人体健康影响最大的是氮氧化物、一氧化碳、甲醛、微碳粒和有机冷凝物。

科学家指出，当人吸入较多的一氧化碳时，由于一氧化碳能与体内的血红蛋白结合，致使血液携氧量减少。吸入大量的一氧化碳，将造成急性中毒乃至死亡。长期吸入过量的一氧化碳，则会加重心脏的负担，天长日久，会诱发或加重心脏病。随着煤气、天然气、液化气热水器的逐渐增加，给人民的生活带来了很大方便，但一段时期以来，死于热水器产生的煤气中毒事件时有发生，使人们颇有谈虎色变之态。调查发现，这种情况往往出现在室内通风不良的情况下。

因此，要想防止气体燃料的污染，除提高气体燃料质量外，保持良好的通风和换气条件也是十分重要的。

装饰污染——室内的新隐患

随着经济的发展和人民生活水平的提高，住宅和办公室的装修逐渐增加，档次也越来越高。如室内墙壁的装饰引用了墙纸、油漆涂料、胶合板以及华丽板．地表铺设了化纤地毯、地板砖和地板革等。然而，在这种高档次装璜的背后，常隐藏着对人体健康的潜在危害。这是因为在上述装饰材料中能不断逸散出低浓度的甲醛成分，久之就会使其浓度上升，给人体带来影响。经分析后发现这些甲醛来源于加工生产上述材料时使用的甲醛或醛类聚合成分（如酚醛树脂等）。

甲醛是一种刺激性较强的气体，可以影响人的呼吸道，造成咳嗽、多痰，甚至肺水肿。它还可刺激人的眼睛，使眼睛发红、流泪。在一些高级宾馆和会议室，许多房间经常空闲，到使用时，人一进去立刻就感到极度的不适，这就是室内已积累了一定浓度甲醛气体

所造成。

由装饰材料带来的污染，通过经常通风换气就可解除。

吸烟污染室内环境

在造成室内污染的各种污染物中，吸烟是最大的污染源。据说烟草燃烧可产生2 000多种污染物。在一些吸烟室内，烟雾弥漫，大气中飘浮着各种有害物质，在这种环境无异于坐到了烟囱口上。经分析可知。在烟尘粒子中含有焦油、尼古丁、苯并（a）芘、酚等多种污染物，烟气中还含有一氧化碳、氮氧化物、甲苯、丙醛等有害蒸汽，其中不少都是“大名鼎鼎”的强致癌物质。例如，据测定每支香烟燃烧后的烟气中苯并（a）芘的含量可达1微克以上。

吸烟不仅危害自己，而且造成严重的室内污染，进而危害被动吸烟者。据统计，被动吸烟者得肺癌的比率较其他人高2倍。

为了自己，也为了他人，请您不要在室内吸烟！

室内氡污染

氡是一种无色、无味、透明的惰性气体。自然界中的氡及其同位素主要由土壤和岩石中的铀、钍衰变而来的。其中氡－220对人体的危害最大。

室内空气中氡的来源主要有：由地基土壤和岩石析出；建筑材料中扩散；含氡高的地下水做水源时，氡从水中析出；气体燃料燃烧时释放等。研究表明。许多用煤渣建造的房屋，氡的浓度很高，特别是地下室由于通风差，常常是氡气“爆满”。一些住宅室内的氡

不可忽视的室内污染

含量，常比室外空气高几十甚至几百倍。

由于氡是一种放射性气体，它在衰变过程中产生一系列的放射性物质，能诱发支气管肺癌。长期居住在含氡及其子体浓度高的住宅的人们，肺癌的发病率明显增高。据美国环保局估计，美国每年有 5 000 ~ 20 000 人死于氡气引起的肺癌。

为减轻氡的污染，除在建筑设计和选料时注意氡的含量外，对已建成的含氡量高的住宅，可在墙面涂上涂料并保持良好的通风，以使室内氡气的浓度降低。

神奇的生物技术

水污染给人类带来危害的同时，也给各种生物带来了灾难，它通过各种途径毒害生物，造成生物生长障碍。甚至死亡。各种生物讳于水污染，唯恐避之不及。但是，也有一些微生物不但不惧怕水污染，还能利用自身的特点消除水污染。于是，人类就把这些微生物请来，帮助人们治理祸国殃民的水污染，污水的微生物处理技术也应运而生。

微生物技术就是利用微生物处理废水的方法，通过载体中微生物的作用将废水中可进行生物化学反应的有机物分解为无机物，达到净化目的。同时微生物又以废水中的有机物为自身的养料，使其不断繁殖，净化作用得以不断延续。别看微生物的个头小，但它处理废水的本领着实很大，许多造纸厂、服装厂、皮革制造厂、食品厂的废水处理以及城市生活污水处理的重任非微生物莫属，它们像一群群小精灵，默默地帮助着人类。

目前在生产上主要利用好氧微生物来处理废水，包括生物过滤和活性污泥法。由人工培养或由生活污水接种，在生物过滤法中滤水材料表面生长有发达的微生物膜，在活性污泥法中则有大量微生物存在于表面呈现高度吸附活力的絮状活性污泥中。作为承载这些微生物的载体例子，包括有承载微生物膜的球状载体和承载活性污泥的生物转盘。

在进行污水的微生物处理时，废水中的有机物先被吸附到生物膜或活性污泥上，然后通过微生物的代谢作用，利用空气中的氧将有机物氧化并分解。在好氧性生物处理中（需要氧气），废水中有机物氧化分解的最终产物是二氧化碳、水、磷酸根和硫酸根等简单无机物，它们通过沉淀或成为气体飞逸等过程与生物膜、活性污泥分离，最后离开水体。在一些情况下，处理后的污水可达到国家规定的标准，且水中含有一些硝酸盐和磷酸盐等对农作物生长有利的肥料，因此这些废水无需沉淀过程，可以直接进行农田灌溉。这样既节约了肥料，又使污水得到了有效的利用。

"一把钥匙开一把锁"，微生物对污水中的污染物是有选择性的，不同微生物可以处理不同的污染物种，没有一种微生物是能包罗万象的。目前，人们不断在实验室中培养新菌种并推广使用，力求使各种有机物污染都能用微生物方法去除，一些高效率、低成本的微生物不断被培养出来。

利用好氧微生物处理废水还必须具备适宜的条件，适合好氧微生物的生长繁殖，否则，处理效果会立刻降低。微生物法对被处理废水有一定要求，即溶解氧要充足，pH 值要适中，水温不能太高。同时，还要求废水中含有微生物生长繁殖的各种养料，如碳、氮、磷、硫及钾、钙、铁等和维生素。生活污水中一般养料充足，可以基本满足上述要求，但工业废水中可能缺少氧和磷，须在其中投加一部分生活污水或含氮、磷的无机物。此外，一些抑制微生物生长、毒害微生物、使之不能有效发挥作用的阻碍物质，如重金属盐的浓度不能太高。

除了在废水处理中的重要作用外，目前人们正在研究和开发微生物的其他作用，以解决 21 世纪人类所面临的一系列问题。如许多微生物学家在研究利用微生物使农业生产中的农作物废渣（废秸秆、甘蔗渣、甜菜渣）变成蛋白质的技术，并且已取得了一定的进展。科学家们在实验室内培养的一些微生物已经具备了这种本领。如果这一实验获得成功并被实用，那对人类将是一个莫大的福音，人造蛋白质和人造肉将走进人们的生活，未来，由人口飞速增加和人民生活质量提高造成肉类不足的状况无疑会得到根本的解决。

梦幻般的垃圾处理技术

你能想象得到吗？高楼大厦中的居民或公司职员将垃圾扔进垃圾道中，这些垃圾通过风或传送带被搬运到集中甄别场，经分类后将垃圾分为可燃性垃圾、非可燃性垃圾和大型垃圾，然后进行分别处理。这种梦幻般的垃圾处理技术在日本的大城市已经开始应用，东京、大阪等城市已有十几条这样的搬运线和处理厂。它不仅给居民和公司职员带来了极大的方便，还节省了垃圾搬运人员，并使垃圾得到有效的综合利用。

日本是城市生活垃圾处理最为成功的国家之一。全国90%以上城市的生活垃圾被送到集中处理场，对可燃性生活垃圾进行焚烧，并利用焚烧发出的能量发电或供热。例如日本横滨市每天焚烧垃圾600吨、发电28 000千瓦。对于垃圾中非可燃的塑料制品等进行塑料再生处理，生产再生塑料制品。回收的大量纸张被利用生产再生纸。钢铁和铝制品则被送入炉中重新冶炼并制成金属用品。

日本大城市或周围卫星城的某些地段，居民和公司高度集中，大厦林立。这造成了道路拥挤、地价昂贵，并使垃圾的收集变得

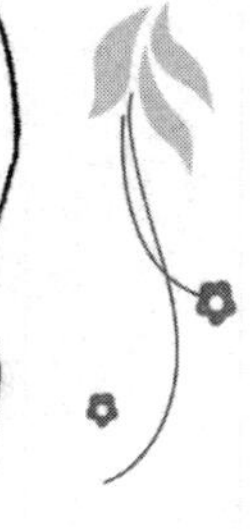

梦幻般的垃圾处理技术

困难。鉴于这一点，日本人发明了管道搬运、集中处理的聪明办法。

垃圾搬运通过地下通道进行，通道根据不同的情况设计为1 000~6 000米 。垃圾的移动是利用抽气泵产生负压，使垃圾从各个排放口吸到集中处理场，抽气泵产生的负压最大可以达到40 米/秒的风速，在这么大的风速之下，就是电视机、自行车、洗衣机、冰箱等大件垃圾也能顺利地移动，小东西那就不用说了。到了垃圾集中场，就开始对垃圾分门别类，分别处理。利用磁选机将带有磁性的钢铁收集起来，然后送入钢铁厂。利用铝选机，将各种铝制品分选，这其中包括有大量的饮料罐，这些铝制品再通过精选，最后送到炼铝厂。大型垃圾则被装上运输车，送到大型垃圾分解处理厂进一步处理。剩下的垃圾通过可燃物和非可燃物甄别机进行分类，可燃性物质被送入垃圾焚烧炉，非可燃物通过塑料分选机将塑料分离出来，送入塑料工厂生产再生塑料。通过上述一系列甄别、分类之后，真正的非可燃垃圾只占垃圾总重量的5%～20%，这些垃圾被拉至掩埋厂掩埋或用于填海造地。经过这种处理，几乎所有的垃圾都得到了有效的综合利用，垃圾都找到了一个理想的“归宿”。真可谓“电钮一动垃圾除，得来全不费工夫”。

与此相似，日本还有一种通过地下传送带搬动和处理垃圾的方法，与上述方法有所不同的是本方法利用了粉碎机，将各种垃圾粉碎，使之较均匀地通过传送带送到垃圾集中处理厂。这种方法的优点是通过粉碎机将大型垃圾分解，这样就减少了搬运过程中的能源消耗。传送带的方法最适合于大公司垃圾的处理。

上述方法一旦普及，那么地面上就再也见不到令人讨厌的垃圾了。这一方面减少了垃圾存放所需的场地，并能改善城市卫生状况和美化城市景观。同时，城市垃圾得到了有效的利用。这真是利莫大焉，善莫大焉。这种优异的方法无疑将是跨世纪之举，当21世纪的人们不再受到垃圾的困扰时，一定不要忘记20世纪人们的贡献。

森林大量减少——地球呼吸困难

森林是自然界的重要资源，它是一个巨大的宝库，可以向人类提供大量的木材、各种原材料、食品和饲料。森林又是一种环境资源，具有制造氧气、净化空气、涵养水源、保持水土、防风固沙、保护农田等方面的作用。绿色的森林就如同“地球的巨大肺叶”，是人类的忠诚卫士和亲密朋友。

在人类历史发展的初期，地球上有2/3的陆地披着“绿装”，森林面积一度达到76亿公顷。而进入20世纪70年代，世界林地面积约为49亿公顷，约占陆地面积的40%。目前全球森林面积只剩下26亿公顷，有近2/3的森林已经化为乌有，并且，现在每年大约有1 800万~2 000万公顷的森林从地球上消失。

恩格斯在《自然辩证法》中对森林破坏进行了生动的描述，记载了这样一段事实：“美索不达来亚、希腊、小亚细亚以及其他各地的居民，为了想得到耕地，把森林都砍光了，但是，他们做梦都想不到，这些地方竟因此成为荒芜的不毛之地，因为他们使这些地方失去了森林，也失去了积聚和贮存水分的中心。阿尔卑斯山的意大

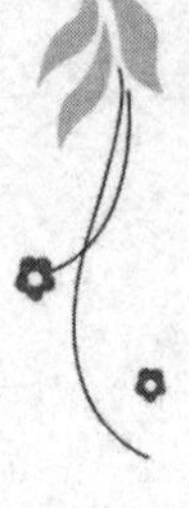

利人，在山南坡砍光了在北坡被细心保护的松林，他们没有预料到，这样一来，他们把他们区域里的高山畜牧业的基础给摧毁了，他们这样做，竟使山泉在一年中的大部分时间内枯竭了，而在雨季又使更加凶猛的洪水倾泻到平原。”事实上，现在地球上每时每刻都在发生着毁林现象，比上述灾难更大的灾难也正层出不穷，令人痛心疾首。

在世界森林中，热带雨林曾覆盖着地球表面的6%。起着调节全球气候、制造氧气和吸收二氧化碳的作用。可是，人类却在践踏这一宝库。在过去的30年中，40%的热带雨林已经毁灭。“地球之肺”的“肺泡”在一步一步地减少，地球已经变得“呼吸困难”。目前地球上热带雨林面积共约9亿公顷，其中，拉丁美洲地区占58%，非洲占19%，东南亚和澳州占23%。在中美洲，从1961～1978年，39%的森林被砍光变成牧场。巴西大西洋沿岸的热带雨林已剩下不到2%，尼日利亚的热带雨林竟减少了90%以上，加纳减少了80%，菲律宾已毁林25%，低地森林被伐尽，原木出口降至原来水平的1/4。目前非洲许多国家将林产品出口作为主要的外汇来源，致使非洲每年损失森林360万公顷以上。赤道南北两侧的热带雨林已损失50%。

在世界各大洲中，森林锐减速度最快的当属亚洲。亚洲1980年有林地3.11万公顷，到1990年减少至2.75万公顷，减少了12%；其次为南美洲，十年间减少了9%；非洲的森林减少了8%。此间，欧洲和北美的森林则略有增加。这与发达国家保护本国资源，掠夺性获取发展中国家资源，转嫁环境危机有直接关系。

亚马孙平原是世界最大的热带雨林区，仅巴西政府宣布该国“合法的”亚马孙雨林面积就达490多万平方千米。丰富的自然资源和纷纭复杂的生态环境，被人们誉为地球上“最后的边疆”和“科学家的天堂”。亚马孙的热带雨林占地球上热带雨林总面积的31%。据说，亚马孙的森林一旦被砍伐殆尽，地球上维持人类生存的氧气将减少1/3。然而，根据卫星摄影图象的最新资料表明：该地区每年约有800万公顷原始森林遭受破坏。据最保守的估计，仅在1987年，亚马孙流域约有2 000万公顷的地区燃烧着大火，这种乱烧滥伐以换取林间耕地的方法无异于杀鸡取卵。1988年，又有25万平方千米的森林化为乌有，直接经济损失不下55亿美元。根据对美国卫星图片的科学分析后可知亚马孙平原在1990年毁林1.3万平方千米，1991年被毁掉1.1万平方千米。例如在巴西圣灵州哈陆河以北的广大地区，20多年前还是林木参天，如今热带雨林全部被毁，450种植物和204种鸟类绝迹，虫害和寄生虫繁衍，这里将沦为寸草不生的荒地。虽然一些国家宣布热带雨林的破坏速度正在减慢，但联合国粮农组织的研究表明，如果对世界上雨林的破坏继续保持目前状况，那么50年后，它们将“集体消失”。

森林的减少，将给人类和地球生态系统带来极大影响。这能引起全球性气候变化，特别是全球变暖；能引起物种的变化和绝迹；引起强烈的水土流失和自然灾害。

黄河是中华民族的母亲河，她用那甘美的乳汁，养育着无数中华儿女，黄河中下游地区，尤其是黄土高原，是中国5000年古文化的发祥地。古代黄土高原森林葱郁。然而，由于历代祖先的破坏，黄土高原的森林已所剩无几了。甘肃省省会兰州，古称皋兰县，明代诗人周光镐在咏皋兰山诗中有“天晴万树挑高浪”，“绝顶青青立马看”等名句。在这里三五百年前还是山青水秀、森林茂密。但到1949年，皋兰山顶却只留下两棵老榆树，作为当年森林的见证。黄

森林大量减少——地球呼吸困难

土高原森林破坏后造成的水土流失，给中华民族带来了深重的灾难，“浩荡地上河、滔滔黄泛区”，频发的洪水，流失的水土，使千百万人民受害而流离失所。黄河从中华民族的发祥地成为全国害河之首，令人痛心。

一个时期以来，中国森林面积大幅度减少。如长白山地区，解放初期森林覆盖率为82.5%，现已锐减到14.2%。中国目前森林覆盖率仅为12.98%，远低于31.3%的世界平均水平，居世界第131位，人均森林面积居136位。如果再不认真对待，我国将失去“绿色屏障”的保护，那将会是一场空前的浩劫。

下个世纪我们还能看到多少种生物

地球上生物物种估计在2 000万种左右，其中被人们所认识的只有140万种。生物多样性是地球上的宝贵财富。生物多样性为人类提供食品、居住、衣服、医药及其他基本商品等人类生存所必需的原材料，具有直接的经济效益，同时在科学研究和环境保护方面有间接的价值。

野生植物是人类生存的物质基础。人要维持生命就要新陈代谢，吐故纳新，所以，人生下来就要吃东西。俗话说“民以食为天”。补充人体所必需的食品和化学元素，主要是食用植物或那些通过食用植物而生长起来的动物。人类食用的植物，如各种蔬菜和粮食作物都是从野生植物演化而来的。肉类动物如牛、羊、猪等也都依赖植物而生存。从这个意义上说，人离不开野生植物。

人在一生中可能会患各种各样的病，患病就要吃药。在化学工业还没发展起来之前，人们生病绝大部分都用植物来医治。即使是现在，世界上大约一半的药用化合物仍来自植物或其提取物。例如美国这类药物的价值每年达200亿美元。

野生植物在经济、科学、文化和教育方面具有特殊重要的意义。

如土耳其一种野生小麦和美国商业性小麦杂交后，每年给美国一国就带来5 000万美元的利益；埃塞俄比亚独有的一种大麦中含有某些基因，能够保护美国加州价值1.6亿美元的大麦，使之免遭黄色致死性矮小病毒的侵害。我国的高产杂交水稻也是水稻专家历经千辛万苦，利用了海南岛一种特有野生品种的基因而获得的。

一些稀有植物是古老生物幸存下来的“活化石”，对研究生物进化，了解自然环境形成的历史背景有重大价值。

地球环境不仅造就了人类，也造就了数以万计的动物种类。这些野生动物和人类共同生活在地球上，是人类生活环境的一个重要组成部分。野生动物是人类的重要食品之一，现在人们食用的驯养动物如牛、羊、猪、狗、鸡、鸭、鹅等都是从野生动物演化过来的。一些地区的人们还直接食用野禽、蛇等野生动物。鱼类大部分是野生生物，世界上大部分国家都从海洋中打捞鱼类作为食品。

野生动物还可作为药材，如燕窝这种自古流传的有名补药，是金丝雨燕用它的唾液和海藻制成的。用蛇毒治疗脑血栓，用蝎毒治疗疽已是很普通的事情了。

鸟类对人类来讲是最有益的野生动物，它对人类最大的贡献在于维护自然生态平衡方面的作用和控制农业的害虫，从而给人类带来良好的生活环境和巨大的经济利益。例如一窝土燕子在一个夏季要吃掉65 000只蝗虫，如果把这些蝗虫头尾相连，可长达3千米；一只猫头鹰一个夏季可捕食1 000只田鼠，按一只鼠一个夏季糟塌1千克粮食计算，一只猫头鹰一个夏季就可保护1 000千克粮食。一对大山雀在育雏期每天可消灭400条松毛虫；一只小小的雨燕，在一个夏季可吃掉蚊子等昆虫25万只，若排列起来长达1千米。

但是，野生生物目前正在以前所未有的速度消失，这主要是由下述因素所造成。即自然植被大量减少，生物栖息地被破坏和割裂；人类的过度猎获和非正当捕杀；环境污染，特别是大量化肥、农药、杀虫剂等的使用；气候变化；物种的引进造成对当地原有物种的掠食等。最近 400 年来，地球上物种灭绝速度在加快，现在每年都有 1 万 ~ 2 万个物种灭绝，物种灭绝的速度是形成速度的 100 万倍。也许未来，我们之中的某些人都已退休在家，也许他（她）们会对天真的孩子们讲述他（她）们在今天的所见，只是那些孩子们也许再也见不到许多我们今天所能见到的生物了。那将是一场历史的倒退。

鸟类是人类的朋友，然而地球上的鸟类却难逃厄运。据研究，从人类出现后，鸟类的灭绝速度大大加快，从平均 83.3 年灭绝一种到 3.6 年灭绝一种。例如，有一种叫美洲旅鸽的小鸟直到上个世纪，它们还多得“将天空遮黑”，曾是芝加哥、纽约、波士顿等地各餐馆里必不可少的名味，是当地居民举枪可得的食物。但是，随着北美人口的增加，它们开始遭到了厄运。到上世纪末，由于栎树林受到严重破坏，美洲旅鸽数量急降，1914 年，美国公园里的最后一只幸存者死去。当时，美国人不相信这一现实，政府悬奖 1 500 美元以找到一只美洲旅鸽，可是人们失望了，美洲旅鸽永远地失去了“球籍”。

我国的东北虎和华南虎在 50 年前有 10 万头之多。但现在，百兽之王惨遭灭顶之灾，虎“口”余生者不足千头，其中华南虎包括饲养在动物园中的全世界也只有不足 100 只了。

由于海洋成了污染物的“聚宝盆”，海水污染使 10 种鲸、6 种海豹、所有海牛、30 种沿海鸟类等和其他大量海洋生物的生存都受到了威胁。

生物多样性的锐减，从根本上给人类带来了很大影响：一是破

下个世纪我们还能看到多少种生物

坏了人类未来的食品来源；二是破坏了药物来源；三是破坏了工农业生产资源；四是破坏了物种的生物遗传基因；五是影响了自然界的生态平衡；六是影响生物考古及科研等。在自然界中，生物与生物、生物与非生物之间组成了一个整体，它们相互依存、相互制约保持着一种生态平衡。科学家们发现，由于食物链的作用，地球上每消失一种植物，往往有 10～30 种依附于这种植物的动物和微生物也随之消失。因此，动植物的大量灭绝必然会导致生态平衡的破坏给人类带来意想不到的灾难。

野生生物是人类的瑰宝，保护野生生物是全人类的责任。愿下一个世纪，我们还能见到像今天一样多的生物。

绿色产品——人类返朴归真

1990年初，一些未来学家经过仔细研究后指出，下个世纪全球将会面临11个大的社会、经济与科技问题，其中列首位的便是环境问题。人类在经历了许多环境劫难之后，不得不开始冷静认真地思考。为了保护环境并使未来的人们避免遭受环境污染的危害，人们提出了绿色产品的概念。绿色产品并非指绿颜色的产品，而是指安全型无污染产品，更干脆说它是一种环境保护型产品。它最大的特点是在制造、使用和遗弃过程中不构成对环境的污染。

绿色食品是绿色产品中最为重要的部分，它是农业、畜牧业、环境保护、营养、卫生各门科学相结合的产物，它的开发融科研、原料生产、加工包装、技术检测等重要环节为一体，是一项宏大的系统工程，因此被人们称为“绿色食品工程”。

由于人类不合理地施用大量的农药和化肥，使环境中有害物质大大增加，同时也使许多食品中富集了有害物质。例如，向瓜果蔬菜施用杀虫剂，可造成杀虫剂在瓜果蔬菜中的富集，特别是表皮部分，杀虫剂的富集程度非常高，经常食用会对人体健康造成危害。

现在许多人吃苹果、梨等水果时都要削皮，其中很重要的原因就是为此。所以，人们迫切希望能吃到不施农药、少施化肥、多施农家肥的食品。从这个意义上说，人类又重新回归自然，走向了一条返朴归真的道路。

以施用农药和化肥为例，绿色食品要求耕作者基本不施用有害农药和化肥，对于少量的施用，要求严格掌握农药和化肥的品种、用法、用量和施用期，在食品上市前做化验检查。西方发达国家已形成一套系统的检验制度，菜商每日自己向政府报告检验结果，合格的蔬菜才能出售。

我国正在开始一场静悄悄的“绿色革命”，经农业部批准的绿色食品已有 270 项，近 128 个品种。北京、上海等地的绿色食品商店和吉林省绿色食品开发公司已经成立。1992 年 6 月，李鹏总理在去巴西参加世界“环发”大会时就曾带去农业部农垦绿色食品商店的绿色食品。

为了避免废弃物污染和减少资源浪费，有识之士纷纷呼吁实行“零度包装”。所谓“零度包装”就是指一种不制造任何垃圾和有害物质的包装方式。为了研制更适用、方便的零度包装品，世界各国的科研人员进行了不懈的努力。德国工程师发明了一种用淀粉做的、遇流质不会溶化的包装来盛牛奶；法兰克福一个研究机关推出一种不易破损，但 10 分钟就可溶于水的保鲜膜，以替代广泛使用的塑料保鲜膜；德国铁路局最近还开始试用一次性的、可供家畜食用的餐具来代替塑料餐具，这些餐具都是用粮食制成的，使用后可作为牲畜的饲料；许多国家还开发了可食用的报纸杂志，阅读后可立即食用，减少了纸张的废弃。

冰箱的革命可以作为绿色产品的典范。已往的冰箱，使用氟里昂做致冷剂。氟里昂被排放到大气后大量地破坏臭氧，造成平流层臭氧减少，威胁人类的健康并影响生态环境，同时，氟里昂还是一种温室气体，对全球变暖有很大的促进作用。为此，人们开始研究使用无氟致冷剂和无氟致冷技术，以代替氟里昂，这一研究目前已取得了很大的成果。

一些保健食品能消除环境污染对人体的危害。因此从广义上讲它们也属绿色食品。如牛奶能不同程度地消除铅、磷、塑料、橡胶、油漆等对行业人员的危害；胡罗卜能消除汞对人体的危害。在粉尘较多地方工作或生活的人应多吃猪血，因猪血的血浆蛋白经消化后可产生一种能解毒滑肠的物质，与进入人体的粉尘、有害金属微粒产生反应，使它不能伤害身体，并随猪血铁质稀释排放出体外。棉、麻、毛纺工人的特效保健食品是黑木耳，因为黑木耳有帮助消化纤维类物质的特殊功能。

由于绿色产品具有保护环境和保护人体健康的特殊功能，所以我们建议人们要多使用绿色产品。我们的口号是：请你们购买带有环境保护标志的绿色产品。

绿色产品——人类返朴归真

让地球变得更加郁郁葱葱

大自然赋予人类很多颜色，世界是五彩缤纷的。但与人类接触最多，对人类贡献最大，人类最需要的颜色是绿色，生命不能没有绿色。绿色是生命之色。

人体所需的能量归根结蒂来自太阳能，但人体不能直接吸收和利用太阳能，必须依靠绿色植物这个中介体。地球上的绿色植物靠光合作用获得的净生产物质的能量每年大约为 2.76×10^{17} 焦耳，这些能量的1%左右就可以养活 110 亿人。生命的必需元素的循环也依赖于绿色植物。从元素的角度看，人体的 99% 是由碳、氢、氧、氮等元素组成，这些元素的吸收，绝大部分都是通过食用绿色植物来进行的，没有绿色植物，人体就得不到这些元素的补充，如占大气成分 79% 的氮，就不能被人体直接利用。绿色植物通过光合作用吸收二氧化碳，放出氧气，而人和动物则吸收氧气，放出二氧化碳，这形成了一个良好的循环。

绿色这种生命之色，人们不仅生理上需要它，心理上也在很大程度地依赖它。人们生活在绿色之中。心情就特别愉快；而到了干枯的沙漠，看不见绿色，人们就心情烦躁。人类对绿色植物有本能的爱好，无论是树木、花卉，都会唤起人们的生命感。现在许多人家里都养花，就是希望在紧张的工作之余多看到一些绿色，用以调节心理状态。

除了具有上述作用外，绿色在环境保护方面还具有独特的功效。绿色植物能调节和净化空气、净化污水、保持水土、保护农田、调节气候和降低噪声，同时还具有美化环境，陶冶情操，保护人体健康等功效。

森林是绿色之王。森林的生物产量约占陆地生物总产量的90%，从它发源和流经的河水约占全世界地表可用淡水量的70%，它们所固定的二氧化碳和产生的氧约占陆地生物圈的70%和67%。经验表明，一个国家和地区，森林覆盖率超过30%，并且分布比较均匀，则这个国家和地区的自然条件就比较优越，农牧业就比较稳定；反之，如果森林遭到大规模破坏，那就必然会使生态平衡失调、自然环境恶化，给人民带来严重灾难。因此，植树造林、保护生态环境是拯救地球环境的有效措施。

许多发达国家在这个问题上觉醒得较早，采取了一系列保护措施，并大力植树造林，提高了森林覆盖率。如美国森林覆盖率为32%，加拿大为35%，瑞典为55%，日本为64%，芬兰为74%。像日本和德国等国，为了保护本国的森林，需要的木材宁肯进口，也不在本国砍伐。

目前，世界上森林面积已减少到26亿公顷。有关专家推算，森林面积不断减少要延续到2020年，那时森林面积将稳定在18亿公顷左右。其中发达国家14.5亿公顷，占80%，发展中国家3.5亿公顷，仅占20%。发展中国家的许多热带雨林到那时将不复存在，这

将是一个可怕的局面。特别是一些发达国家为了本国的利益，大量从发展中国家进口木材，而一点都不去动本国的森林，这加剧了发展中国家森林的破坏。许多发展中国家不注意长远利益，只顾眼前利益，杀鸡取卵式地破坏本国的森林以换取外汇，促进经济发展。这种目光短浅的做法也许暂时会有效，但从长远来看，森林的破坏极大地恶化了自身的生态环境。到那时连生存都受到了很大威胁，就更谈不上发展了。所以，发达国家和发展中国家都要共同努力，以制止这种目光短浅的行为。

实际上，对于人类来说，不仅不应破坏森林，相反还要大力植树造林，加强绿化。使人类赖以生存的地球变得更加郁郁葱葱。俗话说：前人栽树，后人乘凉。我们不能给子孙留下一个满目疮痍的地球。

我国的森林经过了多年引人注目的减少以后，自20世纪70年代开始森林覆盖率有了回升。为了保护森林，我国颁布了《森林法》。经过多年的努力，1981年我国森林覆盖率由以前的不足11%达到12%，80年代末我国森林覆盖率达到12.98%，据估计目前已上升到13.4%。但我们也应看到，这一数字距31.1%的全球平均值还有相当大的距离，这需要我们这一代和后几代人加倍地努力，保护森林，才能达到扩大森林面积的目标。

“三北”防护林工程是我国政府为改善北方生态环境所采取的惊人之举，它堪称世界生态工程之最。“三北”指的是我国西北、华北、东北，东起东三省西部，西到新疆，包括12个省、自治区和直辖市，总面积347万平方千米，占全国面积的36%。1978~1985年第一期工程，人工造林保存面积60.5万公顷，封山育林90万公顷，飞机播种造林10.6万公顷，零星植树15亿株，共有800万公顷农

有绿树，多快乐，让地球变得更加郁郁葱葱

田、牧场得到林带保护，“三北”地区1/3的县的农业生态开始向良性循环转化，每年产生的经济效益超过20亿元。1981年6月，“三北”防护林工程获联合国环境保护奖。1986～1995年实施第二期工程，“三北”森林覆盖率提高到7.7%，黄土高原1/3的水土流失面积得到治理，1 733万公顷农田实现林网化。可以毫不夸张地说，“三北”防护林如同一道“绿色长城”，东西绵亘7 000千米，屏障着我国北方，保证中华国土向良好的生态状况转化。

可持续发展原则——人类更加文明了

世界面临着各式各样严重的环境威胁。对人类须臾不可缺少的资源，如土壤、水体和海洋正在退化；平流层臭氧在逐步枯竭；全球气候在朝着不利于人类的方向转化；生物多样性在锐减。同时，还存在着贫富差别的扩大、人口的急剧增加等问题。事实上，世界目前并未走入持续发展的正确轨道，而是滑向人类和环境灾难危机四伏的境地之中。面对一系列汹涌而来的环境问题，人们不禁自问：21 世纪究竟是人类继续发展的世纪，还是人类走向灭亡的世纪？“多少事，从来急”，在人类生存和灭亡的问题上，我们必须“只争朝夕”。

在这种千钧一发的状况之下，人类终于已经开始认识到目前的许多发展方式正在侵蚀人类生存和发展的最终依托。基于这种认识，人类变得文明了，提出了可持续发展原则。

许多科学家指出：需要一种新的发展途径，这种发展途径使人类进步不局限于仅仅几处，寥寥数载，而是要将整个地球持续到遥远的未来。对于持续发展的概念，人们提出了各种不同的定义，但归根结蒂，持续发展实际上应当是在自然生态系统的负担能力范围内，尽可能地提高人类生活的质量，并为人类今后的发展留有余地和基础。

对于资源和环境来说，持续发展有着非同寻常的重大意义，它意味着不要冒险对全球资源做出更大的获取，不要对环境做出重大改变，因为任何资源的短缺和环境的破坏都将贻害于子孙后代。

在持续发展的问题上，人类建立起新的“环境道德”是极其重要的。让所有的人都认识到“只有一个地球”和“明天与今天一样重要”是非常必要的。目前人类正在着手建设的符合环境保护要求的新的文化观念应包括以下几点：

承认人类不过是地球生态系统中的一个成员，是自然界的一部分，从根本上讲，人类一时一刻也离不开自己赖以生存的环境，因此毁坏了环境，就等于是毁灭了人类自己。

承认自然界能够为人类发展提供的资源是有限的，自然环境的容量是有限的，自然界的变化和发展是有客观规律的，不尊重自然规律，“人定胜天”是行不通的。

承认生态环境和自然资源不只属于某些人的财富和私有财产，它是属于所有生活在这颗星球上的每一个人的，在资源和环境方面人人平等。

承认环境与资源不仅仅是属于我们当代人的，而且是更应属于后代人的，因为环境和资源是我们从后代人那里“借”来的。今后迟早总会有一天我们要把“借”来的环境与资源归还给他们，“超额支取”是一种不道德的行为。

自从可持续发展概念被人们提出以来，人类在新型的“环境道德”观之下经过一定的努力已取得了一些成绩。首先，人们更加关

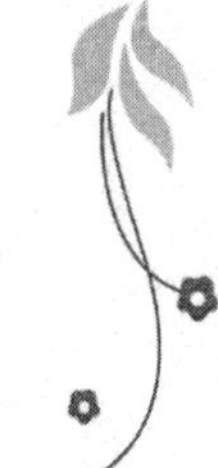

可持续发展原则——人类更加文明了

注环境问题。例如美国加利福尼亚州某区曾做过一次关于公众环境意识的调查。结果表明环境污染问题在几十个问题中排在第二位。我国通过各种宣传媒介大量报道了环境污染问题和环境保护的成绩，环境问题已广为人知且成为人们日常生活中的重要话题。其次，经济发展与环境的对立关系正在日趋和谐统一。在传统的经济发展模式中，环境总是经济发展的牺牲品，但随着人们环境意识的加强，那种只追求利润，不顾环境污染的时代已经或正在走向终结。第三，人们的消费观念正在朝有利于环境保护的方向转化。“高消费”的概念正在被一种更切合实际的观念所代替。例如，许多人乐意把金钱投资到环境保护事业，瑞典的民意测验还表明，有88%的人表示为挽救地球环境，他们愿意降低物质生活水平，84%的人愿意自行把垃圾分类，以便于回收处理。

持续发展已经为人类展现了通向繁荣与安全未来的光明大道，从一定意义上说，“可持续发展”是人们联接未来的桥梁，愿人类变得更加文明，逐步走向辉煌的前程。

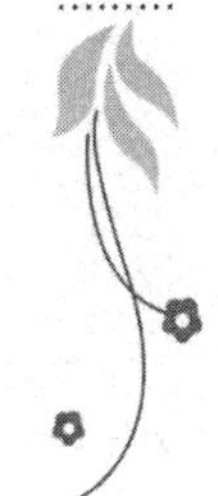

人类要学会自我保护
——有关环境保护的国际公约

解决环境保护问题，谋求人类经济、社会和生态环境的持续发展，已经成为当代人类的历史使命。但是，“路漫漫其修远兮”，要想真正做到这一点，还需要全世界的人们“上下而求索”。特别是对于许多全球性环境问题，仅仅靠一国和几国的努力远远不能达到解决的目的。因此，伴随着以全球性污染为特征的第二次全球环境问题高潮的到来。人们也开始了全球性环境保护的高潮。1992年6月，联合国在巴西里约热内卢召开了有史以来规模最大、级别最高的环境与发展大会。有183个国家和地区、70多个国际组织的代表出席了会议，102位国家元首和政府首脑到会和讲话，我国李鹏总理参加了本次大会并发表重要讲话，阐明了我国在一系列环境和发展问题上的一贯立场和认真态度，会议还通过了《二十一世纪议程》《里约宣言》《联合国气候变化框架公约》《联合国生物多样性公约》和《关于森林问题的原则声明》等重要文件。

“环发”大会是一个既往开来的大会。它是在许多国际性环境保护公约和国际组织的基础之上召开的。事实上大量已制订的国际环境保护公约和国际组织已经做出了许多努力并提供了的一些比较成功的模式。为“环发”大会的召开提供了良好的基础。同时，“环发”大会又是国际社会在环境和发展领域的一次重大行动，标志着一个新的历史时代已经开始。

实际上，大量国际公约的制订有利于保护全球环境，从这个意义上讲，人类已经从愚昧走向文明，并且已经学会自我保护。

了解一些重要的国际环境保护公约及其内容，有助于了解一些全球性重大污染问题以及人类为控制这些污染所做出的巨大努力，同时还能强化人们的环境保护意识。

《联合国人类宣言》：

本宣言于 1972 年 6 月在瑞典首都斯德哥尔摩召开的联合国人类环境会议上通过。宣言呼吁各国政府和人民为保护和改善人类环境，并造福全体人民和子孙后代而共同努力。

《北京宣言》：

发展中国家环境与发展部长级会议的《北京宣言》，1991 年 6 月通过。宣言主要针对发展中国家的环境问题，提出发展中国家对于解决全球性环境问题所采取的方针和立场。表明在不妨碍经济发展的前提下，发展中国家将充分参与保护环境的国际努力，同时强调，如果发达国家能作出积极的努力和反应，从而形成一个适合于全球合作的气氛，发展中国家将和发达国家一道。共同为自己和后代开创一个更加美好的未来。

《保护臭氧层维也纳公约》：

本条约 1985 年 3 月签订于奥地利首都维也纳，以保护人类赖以生存的臭氧层为宗旨，进行国际性协调和合作。我国 1989 年加入该公约。

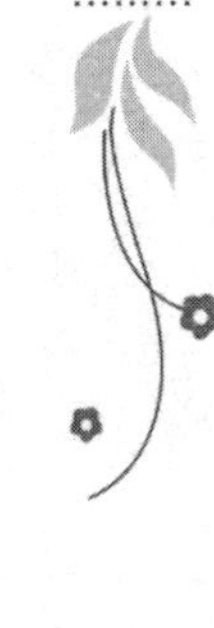

人类要学会自我保护——有关环境保护的国际公约

《关于消耗臭氧层物质的蒙特利尔议定书》：

本议定书于1987年9月在加拿大蒙特利尔签订，以《保护臭氧层维也纳公约》为基础，对于氟里昂等臭氧层破坏物质进行控制，并制订出减少生产和使用量乃至全面废除的时间表，要求缔约各国遵守这一时间表。

《关于“消耗臭氧层物质的蒙特利尔议定书”的修正》：

本修正1990年于英国首都伦敦签订。鉴于日趋严重的臭氧层破坏状况，本修正议定书强化了对氟里昂的控制，将减少生产和使用量乃至全面废除的时间表进一步提前。1991年6月，我国加入修正后的议定书。

《控制危险废物越境转移及其处置的巴塞尔公约》：

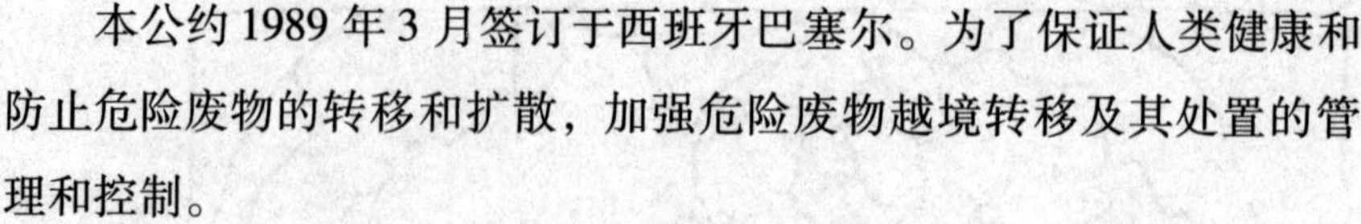

本公约1989年3月签订于西班牙巴塞尔。为了保证人类健康和防止危险废物的转移和扩散，加强危险废物越境转移及其处置的管理和控制。

《气候变化框架公约》：

本公约1992年6月签署于巴西里约热内卢环境与发展大会。鉴于全球气候正在变暖和朝着不利于人类生存的方向变化，公约要求缔约各国控制二氧化碳等温室气体的排放，并将大气中温室气体的浓度稳定在防止气候系统受到危险的人为干扰的水平上。

《生物多样性公约》：

本公约1992年6月签订于巴西里约热内卢环境与发展大会。本公约主要目的是保护地球上生物多样性，使其能持久存在并为当代和后代人所利用，避免因环境变化等人为因素造成生物多样性锐减。